Auditoría de sistemas de gestión

José Luis Navarro, PhD

3ª edición

No se permite la reproducción total o parcial de esta obra, ni su incorporación a un sistema informático, ni su transmisión en cualquier forma o por cualquier medio (electrónico, mecánico, fotocopia, grabación u otros) sin autorización previa y por escrito de los titulares del copyright. La infracción de dichos derechos puede constituir un delito contra la propiedad intelectual.

© José Luis Navarro, 2025. Tercera edición

Índice

1 Auditoría...1
   1.1 Características de una auditoría..2
   1.2 Principios de la auditoría...5
   1.3 Tipos de auditorías..6
      1.3.1 Tipos de auditoría según quién audita.......................7
      1.3.2 Tipos de auditorías según qué se audita...................9
      1.3.3 Tipos de auditoría según su alcance........................10
      1.3.4 Tipos de auditoría según cómo se audita................11
      1.3.5 Tipos de auditoría según cuándo se audita.............11
      1.3.6 Tipos de auditoría según dónde se audita...............11
   1.4 Norma ISO 19011..12
      1.4.1 Objeto de la norma ISO 19011................................12
      1.4.2 Estructura de la norma ISO 19011...........................13
2 Programa de auditoría..19
   2.1 Programa de auditoría vs Plan de auditoría....................19
   2.2 Gestión del programa de auditoría..................................20
      2.2.1 Competencia del responsable de la gestión del programa de auditoría...21
      2.2.2 Roles y responsabilidades del responsable de la gestión del programa de auditoría......................................22
   2.3 Contexto del auditado...24
   2.4 Planificación del programa de auditoría..........................25
      2.4.1 Objetivos...26
      2.4.2 Riesgos y oportunidades..28
      2.4.3 Alcance...30
         2.4.3.1 Extensión del programa de auditoría............31
      2.4.4 Criterios..33
      2.4.5 Métodos..34
         2.4.5.1 Auditorías en el sitio con interacción de los auditados...35
         2.4.5.2 Auditorías en el sitio sin interacción humana.....36
         2.4.5.3 Auditorías remotas con interacción de los auditados...36
         2.4.5.4 Auditorías remotas sin interacción humana........37
         2.4.5.5 Auditoría de sistema de gestión........................37
         2.4.5.6 Auditoría de proceso...38
         2.4.5.7 Auditoría de producto..38
         2.4.5.8 Auditoría de servicio..38
      2.4.6 Recursos del programa de auditoría........................39
         2.4.6.1 Selección de los miembros del equipo auditor...39

- 2.4.6.2 Asignación de responsabilidades al líder del equipo auditor..................41
- 2.4.6.3 Guías, expertos técnicos y observadores..........44
- 2.4.6.4 Software de comunicación para auditoría remota 45
- 2.4.7 Calendario..................45
- 2.4.8 Información documentada..................46
- 2.4.9 Vías de comunicación..................47
- 2.5 Implementación..................47
- 2.6 Seguimiento..................49
- 2.7 Revisión y mejora..................51
- 2.8 Seguimiento vs Revisión..................52
- 2.9 Gestión de los resultados del programa de auditoría..................53
- 2.10 Gestión y conservación de los registros del programa de auditoría..................54
- 3 Implementación del programa de auditoría..................57
  - 3.1 Preparación..................58
    - 3.1.1 Toma de contacto con el auditado..................59
    - 3.1.2 Determinación de la viabilidad de la auditoría..........60
    - 3.1.3 Revisión de la información documentada del auditado 61
    - 3.1.4 Planificación de la auditoría..................62
    - 3.1.5 Asignación de tareas y responsabilidades al equipo auditor..................66
    - 3.1.6 Información documentada para la auditoría..................66
      - 3.1.6.1 Información sobre la organización auditada..................67
      - 3.1.6.2 Lista de verificación..................68
  - 3.2 Realización de la auditoría..................75
    - 3.2.1 Reunión de apertura..................75
    - 3.2.2 Revisión de la información documentada del auditado durante la auditoría..................77
  - 3.3 Visita general..................78
    - 3.3.1 Recopilación y verificación de información..................79
      - 3.3.1.1 Evidencia objetiva..................79
      - 3.3.1.2 Métodos de recopilación de información..................81
    - 3.3.2 Muestreo..................86
      - 3.3.2.1 Tipos de muestreo..................88
        - 3.3.2.1.1.1 Tipos de muestreo estadístico..................90
        - 3.3.2.1.1.2 Riesgo de muestreo..................91
        - 3.3.2.1.1.3 Plan de muestreo..................92
        - 3.3.2.1.1.4 Ejemplo de muestreo estadístico..................94
    - 3.3.3 Evidencia..................98
      - 3.3.3.1 Revisión de la información documentada..................98
      - 3.3.3.2 Observación..................100
      - 3.3.3.3 Entrevistas..................100
      - 3.3.3.4 Verificación de evidencias..................102

- 3.3.4 Hallazgos...103
  - 3.3.4.1 Tipos de no conformidades............................105
- 3.3.5 Reuniones diarias del equipo auditor......................109
- 3.3.6 Reuniones diarias con el auditado..........................110
- 3.3.7 Reunión final del equipo auditor.............................112
  - 3.3.7.1 Conclusiones de la auditoría...........................113
- 3.3.8 Reunión de Cierre...115
- 3.4 Informe de auditoría..119
  - 3.4.1 Características..119
  - 3.4.2 Contenido..119
  - 3.4.3 Distribución...121
- 3.5 Seguimiento...122
- 3.6 Finalización..122
- 3.7 Comportamiento de los auditores durante la auditoría....123
- 4 Auditoría interna...125
  - 4.1 Requisitos..125
  - 4.2 Mejora continua...126
  - 4.3 Planificación..127
  - 4.4 Realización..128
- 5 Comunicación...131
  - 5.1 El lenguaje oral..132
  - 5.2 El lenguaje gestual..132
  - 5.3 La imagen..136
  - 5.4 Las preguntas..136
    - 5.4.1 Tipos de preguntas..137
    - 5.4.2 Cómo preguntar..141
  - 5.5 Solicitud de la información documentada........................144
  - 5.6 Saber escuchar..144
  - 5.7 El entorno...145
- 6 Competencia...147
  - 6.1 Comportamiento profesional personal............................147
  - 6.2 Conocimientos y habilidades..149
    - 6.2.1 Competencia genérica de los auditores..................150
    - 6.2.2 Competencia específica de los auditores...............150
    - 6.2.3 Competencia genérica del líder de un equipo auditor 152
  - 6.3 Obtención de la competencia del auditor........................153
  - 6.4 Obtención de la competencia del líder del equipo auditor 153
  - 6.5 Evaluación de la competencia del auditor.......................154
    - 6.5.1 Proceso de evaluación..154
    - 6.5.2 Métodos de evaluación...156
    - 6.5.3 Niveles de educación, experiencia laboral, formación como auditor y experiencia como auditor.........................157
  - 6.6 Mantenimiento y mejora de la competencia del auditor. .159
- 7 Gestión de los conflictos y las quejas.......................................161

7.1 Conflictos..161
    7.1.1 Modelo CCST..163
    7.1.2 Método Harvard...164
    7.1.3 Mediación..166
        7.1.3.1 Principios básicos en la mediación...................166
        7.1.3.2 Características debe reunir la persona mediadora 167
        7.1.3.3 Proceso de mediación.....................................168
7.2 Quejas...171
8 Anexo...173
    8.1 Programa de auditoría..175
    8.2 Minutas reunión..177
    8.3 Plan de auditoría..179
    8.4 Lista de comprobación..181
    8.5 Informe final de auditoría...183
9 Glosario..187

Introducción

Hoy en día, prácticamente todas las organizaciones poseen sistemas de gestión certificados sometidos a auditorías periódicas. Por ello, la auditoría es una herramienta fundamental que debe conocer todo profesional involucrado en la gestión de sistemas de gestión certificados.

Sin olvidar su función primordial de evaluar de forma objetiva el grado de cumplimiento de requisitos previamente establecidos, la auditoría es también una herramienta de mejora continua de los sistemas de gestión de una organización.

La presente publicación suministra de una forma concisa y didáctica todos los conocimientos necesarios para realizar auditorías de sistemas de gestión de acuerdo a los requisitos de la norma *ISO 19011:2018*. Además suministra los formularios necesarios para registrar las actividades llevadas a acabo durante las auditorías.

El éxito de una auditoría depende no sólo de la competencia profesional del auditor y de su habilidad para encontrar y verificar evidencias si no también de sus dotes de comunicación con el auditado. Por ello, esta publicación presta especial atención a la comunicación durante la auditoría.

1 Auditoría

Los primeros datos históricos sobre actividades relacionadas con la auditoría datan del año 3.300 a.c. cuando el pueblo sumerio la utilizaba como una herramienta para verificar la exactitud de los registros contables.

Antiguamente, los auditores juzgaban la veracidad o falsedad de las rendiciones de cuentas, oyendo la explicación de los responsables de las mismas.

La profesión del *accountant* o auditor fue reconocida por primera vez bajo la Ley Británica de Sociedades Anónimas de 1862.

Inicialmente, la auditoría era exclusivamente contable y tenía por objetivo la detección y prevención de los errores y el fraude. A partir de los años 50, la auditoría dejó de ser exclusivamente una actividad contable y su uso se extendió a los sistemas de gestión de las organizaciones.

Etimológicamente la palabra *auditoría* viene del latín *audito* (sentido del oído) o *audire* (oír). Por tanto, la auditoría está relacionada con un concepto auditivo, al igual que la palabra "auditor" proviene del latín *auditor, -toris* (el que escucha).

La definición actual de la auditoría, según la norma *ISO 19011:2018* es la siguiente:

Auditoría. *Proceso sistemático, independiente y documentado para obtener <u>evidencias de la auditoría</u> y evaluarlas de manera objetiva con el fin de determinar la extensión en que se cumplen los <u>criterios de auditoría</u>*.

Desde un punto de vista más filosófico podría considerarse que la auditoría es una evaluación del presente, teniendo en cuenta el pasado, con el fin de prever el futuro.

Evidencia objetiva es el conjunto de datos que respaldan la existencia o veracidad de algo. La evidencia objetiva con fines de auditoría generalmente consiste en registros, declaraciones de hechos u otra información que son pertinentes para los criterios de auditoría y verificables.

Criterios de auditoría es el conjunto de requisitos usados como referencia frente a la cual se compara la evidencia objetiva. Los requisitos pueden incluir políticas, procedimientos, instrucciones de trabajo, requisitos legales, obligaciones contractuales, etc.

1.1 Características de una auditoría

La <u>auditoría</u> tiene las siguientes <u>características</u>:

a) **La auditoría es sistemática**. Los resultados de la auditoría no se basan en el azar, si no que son debidos a un análisis minucioso, ordenado y planificado por el auditor, lo que permite un alto grado de fiabilidad.

b) **La auditoría es independiente.** Desde su origen la auditoría se ha basado en la independencia del auditor de los auditados.

c) **La auditoría es objetiva.** El resultado de la auditoría en ningún caso puede estar basada en apreciaciones.

El resultado de la auditoría se basa en evidencias objetivas que avalan las conclusiones de la auditoría. En consecuencia, el auditor tendrá en muchos casos que realizar verificaciones de los procesos que le permitan avalar la información o datos incluidos en los registros y documentos.

d) **La auditoría es periódica.** Los sistemas de gestión son implantados en un determinado momento, para una determinada organización. No obstante, los cambios en la organización, los procesos, las personas, etc., pueden generar que lo que hoy es adecuado deje de serlo. Igualmente, los procesos, aun no existiendo cambios, pueden degradarse o perder su efectividad como consecuencia de la confianza que la organización tiene en el buen funcionamiento del mismo.

Las auditorias, al ser periódicas impiden el desajuste entre el sistema de gestión (cómo hay que trabajar) y la forma de trabajar en el momento presente.

e) **Analiza resultados.** La auditoria no es un simple examen de cómo se llevan a cabo las actividades, sino que analiza los resultados.

f) **No busca culpables.** La auditoría busca, a través del análisis del pasado, soluciones para el futuro.

Las auditorías analizan los fallos del sistema de gestión y no de las personas que los cometieron. Esto es debido a que los fallos se produjeron porque el sistema de gestión lo permitió.

g) **La auditoría no es una inspección.**

Inspección es la determinación de la conformidad con los requisitos especificados en un momento concreto. El resultado de una inspección puede mostrar conformidad o no conformidad o un cierto grado de conformidad.

En una inspección se utilizan preguntas cerradas.

La inspección afecta a un producto o servicio.

Auditoría es un proceso sistemático, independiente y documentado para obtener evidencias objetivas y evaluarlas de manera objetiva con el fin de determinar el grado en que se cumplen los criterios de auditoría en un periodo de tiempo.

En una auditoría se utilizan preguntas abiertas.

La auditoría no sólo afecta a un producto o servicio sino al sistema de gestión y a los procesos necesarios para generar el producto o servicio.

1.2 Principios de la auditoría

La auditoría se fundamenta en una serie de principios necesarios para que sea una herramienta eficaz y fiable en apoyo de las políticas y controles de gestión y proporcione información sobre la cual una organización puede actuar para mejorar su desempeño.

La adhesión a estos principios es un requisito previo para proporcionar conclusiones de la auditoría que sean pertinentes y suficientes, y para permitir a los auditores, que trabajan independientemente, alcanzar conclusiones similares en circunstancias similares.

Los principios de la auditoría son los siguientes:

a) **Integridad** es el fundamento de la profesionalidad. Por ello, los auditores y los responsables del programa de auditoría deberán:

- emprender actividades de auditoría sólo si son competentes para hacerlo.

- desempeñar su trabajo de forma ética, con honestidad y responsabilidad.

- desempeñar su trabajo de manera imparcial, es decir, permanecer ecuánimes y sin sesgo en todas sus acciones.

- ser sensibles a cualquier influencia que se pueda ejercer sobre su juicio mientras llevan a cabo una auditoría.

b) **Presentación imparcial de los resultados** informando con veracidad y exactitud. La comunicación entre el equipo auditor y el auditado deberá ser: veraz, exacta, objetiva, oportuna, clara y completa.

c) **Debido cuidado profesional** con diligencia y juicio razonado durante la auditoría.

d) **Confidencialidad**, seguridad y protección de la información adquirida durante la auditoría.

e) **Independencia** de la actividad auditada para evitar el sesgo y el conflicto de intereses en la elaboración de las conclusiones de la auditoría.

f) Resultados de la auditoría basados en **evidencias verificables**.

g) Planificación, realización y presentación de las **conclusiones** de la auditoría considerando los riesgos y oportunidades.

1.3 Tipos de auditorías

En función de a quién va destinada la información y cuál es la información que buscamos o sobre qué proceso o parte del sistema de gestión estamos analizando, podemos diferenciar diversos tipos de auditorías.

Los criterios principales para definir los tipos de auditoría son los siguientes:

a) En función de **quién** audita hay auditorías <u>externas</u> e auditorías <u>internas</u>.

b) En función de **qué** se audita hay auditorías de: producto, servicio, proceso, sistema y documentación.

c) En función del **alcance** de la auditoría hay auditorías parciales y auditorías globales.

d) En función de **cómo** se audita hay auditorías horizontales y auditorías verticales.

e) En función de **cuándo** se audita hay auditorías programadas o anunciadas y auditorías extraordinarias o no anunciadas.

f) En función de **dónde** se audita hay auditorías presenciales y auditorías remotas o virtuales.

Como veremos, esta clasificación no es excluyente, ya que los diversos tipos pueden ser compatibles entre sí. Por ejemplo, una auditoría interna puede ser parcial o global y una auditoría externa puede ser de un proceso o de un sistema.

1.3.1 Tipos de auditoría según quién audita

Tipos de auditoría según quién audita:

a) **Auditoría interna o de primera parte** es la realizada como consecuencia de una necesidad interna de la organización para evaluar el grado de adecuación del sistema de gestión.

Las auditorías internas pueden ser realizadas por auditores internos o externos contratados a tal fin, sin que esta contratación externa implique que pase a ser una auditoría externa.

b) **Auditoría externa** es la realizada a petición de organismos oficiales, clientes u organismos de certificación para evaluar el grado de adecuación del sistema de gestión de una organización.

Las auditorías externas son realizadas por auditores externos a la organización auditada.

Las auditorías externas a su vez se dividen en:

- **Auditorías de segunda parte** son las solicitadas por un cliente de la organización auditada. En este caso el cliente quiere conocer antes de realizar la compra o contratación si la organización auditada cumple con los requisitos legales o contractuales. Las auditorías de segunda parte se desarrollan por el interés de una organización hacia un tercero, normalmente son las realizadas a los proveedores, subcontratistas y franquiciados. Muchas veces estas auditorías forman parte de un proceso de homologación de proveedores.

- **Auditorías de tercera parte** son las llevadas a cabo por una tercera parte independiente de la organización auditada y de quien debe recibir los resultados de la misma. Por ejemplo, las auditorías de certificación y/o acreditación, así como las auditorías reglamentarias.

1.3.2 Tipos de auditorías según qué se audita

Tipos de auditoría según <u>el objeto (qué se audita) de la auditoría</u>:

a) **Auditoría de sistema**. Se denomina auditoría de sistema aquella que audita un sistema de gestión en su totalidad.

b) **Auditoria de proceso**. A veces el objeto de la auditoría es sólo un proceso en particular del sistema de gestión. En este caso lo que se audita es que el proceso está funcionando dentro de los límites previamente establecidos.

Una auditoría de proceso es la verificación por evaluación de una operación o método, respecto a instrucciones (procedimientos normalizados de trabajo) o estándares predeterminados, para medir el cumplimiento de estos estándares y la efectividad de las instrucciones. Dicha auditoría puede verificar la conformidad a requisitos definidos como tiempo, precisión, temperatura, presión, composición, capacidad de respuesta, amperaje y mezcla de componentes. Puede implicar procesos especiales como tratamiento térmico, soldadura, enchapado, encapsulación, soldadura, y examen no destructivo.

Una auditoría de proceso examina los recursos (equipos, materiales, personas) utilizados para transformar las entradas en salidas, el entorno, los métodos (procedimientos, instrucciones) utilizados y las mediciones obtenidas para determinar la capacidad del proceso.

Una auditoría de proceso verifica la adecuación y efectividad de los controles de proceso establecidos mediante: procedimientos, instrucciones de trabajo, diagramas de flujo, formación y especificaciones de proceso.

c) **Auditoría de producto**. Una auditoría de producto es un examen de un producto en particular para evaluar si cumple con los requisitos previamente establecidos.

La auditoría de producto se realiza sobre productos acabados que previamente han sido aceptados o rechazados tras la inspección final.

d) **Auditoría de servicio**. Una auditoría de servicio es un examen de un servicio en particular para evaluar si cumple con los requisitos previamente establecidos.

e) **Auditoría de la documentación** del sistema de gestión de una organización. Llevaba a cabo previamente a la realización de una auditoría de proceso y de sistema.

1.3.3 Tipos de auditoría según su alcance

Tipos de auditoría según su alcance:

a) **Auditoría parcial** cuando sólo se audita parte del sistema de gestión de una organización.

b) **Auditoría global** cuando sólo se audita todo el sistema de gestión de una organización.

1.3.4 Tipos de auditoría según cómo se audita

Tipos de auditoría según <u>cómo</u> se audita:

a) La **auditoría horizontal** audita un mismo proceso en diferentes áreas funcionales. La auditoría horizontal tiene el inconveniente que no permite analizar la interacción entre los procesos del sistema de gestión del área funcional auditada.

b) La **auditoría vertical** audita todos los procesos realizados dentro de una determinada área funcional. La auditoría vertical permite analizar la interacción entre los distintos procesos del sistema de gestión del área funcional auditada.

1.3.5 Tipos de auditoría según cuándo se audita

Tipos de auditoría según <u>cuándo</u> se audita:

a) **Auditoría programada o anunciada de antemano** si el auditado sabe cuando va a ser auditado.

b) **Auditoría extraordinaria o non anunciada** si el auditado no sabe de antemano cuando va a ser auditado.

1.3.6 Tipos de auditoría según dónde se audita

Tipos de auditoría según <u>dónde</u> se audita:

a) **Auditoría presencial** realizada en las instalaciones del auditado.

b) **Auditoría remota o virtual** realizada sin el desplazamiento del auditor a las instalaciones del auditado.

1.4 Norma ISO 19011

La norma internacional *ISO 19011* establece las directrices para realizar las auditorías de sistemas de gestión.

Previamente a la publicación de la primera versión de la norma *ISO 19011* en el año 2002, existían distintas normas internacionales que servían de guía para la realización de las auditorías de los sistemas de gestión de la calidad y ambientales.

La publicación de la norma *ISO 19011* surgió de la necesidad de reunir en una sola norma los requisitos para la realización de las auditorías de los distintos sistemas de gestión.

A lo lago del tiempo se han publicado las siguientes versiones de la norma ISO 19011:

- *ISO 19011:2002. Directrices para la auditoría de los sistemas de gestión de la calidad y/o ambiental.*

- *ISO 19011:2011. Directrices para la auditoría de los sistemas de gestión.*

- *ISO 19011:2018. Directrices para la auditoría de los sistemas de gestión.*

1.4.1 Objeto de la norma ISO 19011

La norma internacional *ISO 19011* proporciona orientación sobre la gestión de un programa de auditoría, sobre la planificación y la realización de auditorías de sistemas de gestión, así como sobre la competencia y la evaluación de un auditor y un equipo auditor.

Auditoría de sistemas de gestión

La norma internacional *ISO 19011* proporciona orientación para la gestión de auditorías de primera parte, auditorías de segunda parte y auditorías de tercera parte cuya finalidad sea distinta a la certificación de sistemas de gestión.

1.4.2 Estructura de la norma ISO 19011

Índice de la norma *ISO 19011:2018*:

- *Prólogo.*
- *Prólogo de la versión en español.*
- *Introducción.*
- *1 Objeto y campo de aplicación.*
- *2 Referencias normativas.*
- *3 Términos y definiciones.*
- *4 Principios de auditoría*
- *5 Gestión de un programa de auditoría.*
- *5.1 Generalidades.*
- *5.2 Establecimiento de los objetivos del programa de auditoría.*
- *5.3 Determinación y evaluación de los riesgos y oportunidades del programa de auditoría.*
- *5.4 Establecimiento del programa de auditoría.*
- *5.4.1 Roles y responsabilidades de las personas responsables de la gestión del programa de auditoría.*
- *5.4.2 Competencia de las personas responsables de la gestión del programa de auditoría.*

Auditoría de sistemas de gestión

- *5.4.3 Establecimiento de la extensión del programa de auditoría.*

- *5.4.4 Determinación de los recursos del programa de auditoría*

- *5.5 Implementación del programa de auditoría.*

- *5.5.1 Generalidades.*

- *5.5.2 Definición de los objetivos, el alcance y los criterios para una auditoría individual.*

- *5.5.3 Selección y determinación de los métodos de auditoría*

- *5.5.4 Selección de los miembros del equipo auditor*

- *5.5.5 Asignación de responsabilidades al líder del equipo auditor para una auditoría individual*

- *5.5.6 Gestión de los resultados del programa de auditoría.*

- *5.5.7 Gestión y conservación de los registros del programa de auditoría.*

- *5.6 Seguimiento del programa de auditoría.*

- *5.7 Revisión y mejora del programa de auditoría.*

- *6 Realización de una auditoría.*

- *6.1 Generalidades.*

- *6.2 Inicio de la auditoría.*

- *6.2.1 Generalidades.*

- *6.2.2 Establecimiento del contacto con el auditado.*

- *6.2.3 Determinación de la viabilidad de la auditoría.*

Auditoría de sistemas de gestión

- *6.3 Preparación de las actividades de auditoría.*
- *6.3.1 Realización de la revisión de la información documentada*
- *6.3.2 Planificación de la auditoría.*
- *6.3.3 Asignación de las tareas al equipo auditor.*
- *6.3.4 Preparación de la información documentada para la auditoría.*
- *6.4 Realización de las actividades de auditoría.*
- *6.4.1 Generalidades.*
- *6.4.2 Asignación de roles y responsabilidades de los guías y los observadores.*
- *6.4.3 Realización de la reunión de apertura.*
- *6.4.4 Comunicación durante la auditoría.*
- *6.4.5 Disponibilidad y acceso de la información de auditoría.*
- *6.4.6 Revisión de la información documentada durante la auditoría.*
- *6.4.7 Recopilación y verificación de la información.*
- *6.4.8 Generación de hallazgos de la auditoría.*
- *6.4.9 Determinación de las conclusiones de la auditoría*
- *6.4.10 Realización de la reunión de cierre*
- *6.5 Preparación y distribución del informe de la auditoría*
- *6.5.1 Preparación del informe de la auditoría*
- *6.5.2 Distribución del informe de la auditoría.*

Auditoría de sistemas de gestión

- *6.6 Finalización de la auditoría.*
- *6.7 Realización de las actividades de seguimiento de una auditoría.*
- *7 Competencia y evaluación de los auditores.*
- *7.1 Generalidades.*
- *7.2 Determinación de la competencia del auditor.*
- *7.2.1 Generalidades.*
- *7.2.2 Comportamiento personal.*
- *7.2.3 Conocimientos y habilidades.*
- *7.2.4 Logro de la competencia del auditor.*
- *7.2.5 Logro de la competencia del líder del equipo auditor.*
- *7.3 Establecimiento de los criterios de evaluación del auditor.*
- *7.4 Selección del método apropiado de evaluación del auditor.*
- *7.5 Realización de la evaluación del auditor.*
- *7.6 Mantenimiento y mejora de la competencia del auditor.*
- *Anexo A (informativo) Orientación adicional destinada a los auditores que planifican y realizan las auditorías.*
- *Bibliografía.*

La norma *ISO 19011:2018* proporciona orientación para:

a) La gestión de un programa de auditoría.

Auditoría de sistemas de gestión

b) La planificación y realización de auditorías de sistemas de gestión.

c) La competencia y la evaluación de los auditores.

Los requisitos establecidos en la norma *ISO 19011* pueden adaptarse según sea apropiado al alcance, la complejidad y la escala del programa de auditoría.

Auditoría de sistemas de gestión

2 Programa de auditoría

El **programa de auditoría** contiene la planificación de las auditorías de una organización con un propósito específico y durante un tiempo determinado.

Toda organización que es auditada (auditorias de certificación y auditorías internas) y que audita a sus proveedores debe elaborar un programa de auditoría donde se planifican las auditorías anuales.

La complejidad del programa de auditoría depende tanto del tamaño, organización funcional y contexto del auditado así como de la complejidad y el nivel de madurez del sistema de gestión auditado.

La organización debe designar un responsable de gestionar el programa de auditoría.

2.1 Programa de auditoría vs Plan de auditoría

El **programa de auditoría** es el documento donde se planifican todas las auditorías de una organización con un propósito específico y durante un tiempo determinado.

El **plan de auditoría** es el documento que define la estrategia, la programación y las características de una auditoría. Constituye una guía de trabajo para el auditor, formaliza y ordena su conducta, garantiza que todas las actividades sean eficazmente realizadas, que no se produzcan duplicaciones de esfuerzos y que se cumplan los plazos de tiempo que se hayan establecido.

La elaboración del programa de auditoría es el paso previo al desarrollo del plan de auditoría para cada auditoría. Es decir, primero se elabora el programa de auditoría, que engloba todas las auditorías que se van a realizar en una organización durante un año y luego, previamente a la realización de cada auditoría, se elabora su correspondiente plan de auditoría.

En una palabra, los planes de cada auditoría individual están contemplados en un programa de auditoría previo.

2.2 Gestión del programa de auditoría

El programa de auditorías de una organización debe ser planificado, aprobado, comunicado, implementado, seguido durante su implementación, revisado una vez finalizado y mejorado.

La gestión de un programa de auditoría consta de los siguientes pasos:

1. Planificación, aprobación y comunicación.
2. Implementación y seguimiento
3. Revisión y mejora.

La gestión del programa de auditoría la realiza la persona designada como responsable del programa de auditoría.

2.2.1 Competencia del responsable de la gestión del programa de auditoría

El responsable de la gestión del programa de auditoría deberá tener la competencia necesaria para gestionar de forma eficaz y eficiente: el programa de auditoría teniendo en cuenta sus riesgos y oportunidades así como las cuestiones externas e internas asociadas.

El responsable de la gestión del programa de auditoría poseerán conocimientos sobre:

a) Los principios, métodos y procesos de auditoría.

b) Las normas de sistemas de gestión auditadas, así como otras normas pertinentes y documentos de referencia/orientación.

c) La información relativa al auditado y a su contexto (por ejemplo, las cuestiones externas/internas, las partes interesadas pertinentes y sus necesidades y expectativas, las actividades de negocio, los productos, servicios y procesos del auditado).

d) Los requisitos legales y reglamentarios aplicables y otros requisitos pertinentes a las actividades de negocio del auditado

A los requisitos anteriores podría añadirse, según sea apropiado, el conocimiento de gestión de riesgos, gestión de proyectos y procesos y de tecnologías de la información y las comunicaciones (TIC).

El responsable de la gestión del programa de auditoría participará en las actividades apropiadas de desarrollo continuo para mantener la competencia necesaria para gestionar el programa de auditoría.

2.2.2 Roles y responsabilidades del responsable de la gestión del programa de auditoría

El responsable del programa de auditoría deberá:

a) Establecer los objetivos tanto del programa de auditoría como de las auditorías individuales incluidas en el programa.

b) Determinar las cuestiones externas e internas, y los riesgos y oportunidades que pueden afectar al programa de auditoría, e implementar acciones para abordarlos, integrando estas acciones en todas las actividades de auditoría pertinentes, según sea apropiado.

c) Establecer el alcance y la extensión tanto del programa de auditoría como de las auditorías individuales incluidas en el programa, de acuerdo con los objetivos pertinentes y cualquier restricción conocida.

d) Establecer los criterios y medios para cada auditoría.

e) Asegurar la selección de los equipos de auditores y la competencia general para las actividades de auditoría.

Auditoría de sistemas de gestión

f) Asignar roles, responsabilidades y autoridades, y respaldando al liderazgo, según sea apropiado.

g) Determinar y asegurar la provisión de todos los recursos necesarios.

h) Establecer el calendario de las auditorías incluidas en el programa.

i) Establecer los canales de comunicación externos e internos, según sea apropiado

j) Establecer y gestionar el proceso de resolución de conflictos y el tratamiento de las quejas.

k) Preparar y mantener la información documentada apropiada, incluyendo los registros del programa de auditoría.

l) Comunicar el programa de auditoría al cliente de la auditoría y, según sea apropiado, a las partes interesadas pertinentes.

m) Solicitar la aprobación de programa de autoría por el cliente de la auditoría.

n) Gestionar los resultados del programa de auditoría. Presentando los informes al cliente de la auditoría y a las partes interesadas pertinentes, según sea apropiado.

o) Gestionar y conservar los registros del programa de auditoría.

p) Hacer el seguimiento, la revisión y la mejora del programa de auditoría.

Cabe remarcar que el "establecimiento" del programa de auditoría finaliza con la aprobación del mismo por el cliente de la auditoría.

2.3 Contexto del auditado

Contexto de una organización es su entorno organizacional, así como la combinación de factores internos y externos, y de condiciones que pueden afectar en el enfoque de una organización a sus productos, servicios, inversiones y partes interesadas.

Contexto externo o **cuestiones externa**s de una organización es todo aquello no perteneciente a la organización pero que interactúa con la misma y puede afectar la consecución de sus objetivos.

Contexto interno o **cuestiones internas** de una organización es todo aquello perteneciente a la organización que puede afectar la consecución de sus objetivos.

En la elaboración de un programa de auditoria se tiene en cuenta el contexto de la organización a auditar.

Para ello, el programa de auditoría debería tener en cuenta del auditado:

a) Los objetivos organizacionales.

b) Las cuestiones externas e internas pertinentes.

c) Las necesidades y expectativas de las partes interesadas pertinentes.

d) Los requisitos de seguridad y confidencialidad de la información.

2.4 Planificación del programa de auditoría

El programa de auditoría deberá incluir la información e identificar los recursos que permitan que las auditorías se realicen de forma eficaz y eficiente dentro de los periodos de tiempo especificados.

Durante la planificación del programa de auditoría, el responsable del programa de auditoría debe establecer:

a) Los objetivos globales del programa de auditoría.

b) Los riesgos y oportunidades asociados con el contexto del auditado y el programa de auditoría; así como las acciones para abordarlos.

c) El alcance y la extensión del programa de auditoría así como el alcance de cada auditoría dentro del programa de auditoría.

d) El procedimiento de auditoría.

e) Los criterios de auditoría.

f) Los métodos de auditoría.

g) Los recursos materiales y humanos de auditoría.

h) El calendario de las auditorías.

i) La información documentada pertinente.

Auditoría de sistemas de gestión

j) Las vías de comunicación.

k) Las directrices para la gestión de los conflictos y las quejas.

La extensión del programa de auditoría deberá basarse en el tamaño y la naturaleza del auditado, así como en la naturaleza, funcionalidad, complejidad, el tipo de riesgos y oportunidades, y el nivel de madurez de los sistemas de gestión que se van a auditar.

2.4.1 Objetivos

Los objetivos del programa de auditoría definen qué es lo que se quiere lograr con el programa de auditoría y pueden incluir lo siguiente:

a) La determinación del grado de conformidad del sistema de gestión del auditado, o de parte de él, con los criterios de auditoría.

b) La evaluación de la capacidad del sistema de gestión para asegurar el cumplimiento de los requisitos legales, reglamentarios y contractuales.

c) La evaluación de la eficacia del sistema de gestión para lograr los objetivos especificados.

d) La identificación de áreas de mejora potencial del sistema de gestión.

Los objetivos del programa de auditoría deben ser coherentes con la dirección estratégica del cliente de la auditoría y servir de apoyo a la política y los objetivos del sistema de gestión.

Auditoría de sistemas de gestión

El cliente de la auditoría es quien establece los objetivos de la auditoría.

La determinación de los objetivos del programa de auditoría puede fundamentarse en:

- Las necesidades y expectativas de las partes interesadas pertinentes, tanto externas como internas.
- Las características y los requisitos de los procesos, productos, servicios y proyectos, y cualquier cambio en ellos.
- Los requisitos del sistema de gestión.
- La necesidad de evaluar a los proveedores externos.
- El nivel de desempeño del auditado y el nivel de madurez de los sistemas de gestión, como se refleja en los indicadores de desempeño pertinentes (por ejemplo, los KPI), la ocurrencia de no conformidades o incidentes o quejas de las partes interesadas.
- Los riesgos y oportunidades identificados para el auditado.
- Los resultados de auditorías previas.

EJEMPLO

Ejemplos de objetivos de un programa de auditoría:

- Identificar las oportunidades para la mejora del sistema de gestión y de su desempeño.

- Evaluar la capacidad del auditado para determinar su contexto.

- Evaluar la capacidad del auditado para determinar los riesgos y oportunidades, y para identificar e implementar acciones eficaces para abordarlos.

- Cumplir todos los requisitos pertinentes, por ejemplo los requisitos legales y reglamentarios, los compromisos de cumplimiento, los requisitos de certificación con una norma de sistemas de gestión.

- Obtener y mantener la confianza en la capacidad de un proveedor externo.

- Determinar la idoneidad, la adecuación, y la eficacia continuas del sistema de gestión del auditado.

- Evaluar la compatibilidad y la alineación de los objetivos del sistema de gestión con la dirección estratégica de la organización.

2.4.2 Riesgos y oportunidades

Existen riesgos y oportunidades asociados con el contexto del auditado y con la implementación del programa de auditoría que pueden afectar al logro de los objetivos del programa de auditoría.

El responsable de la gestión del programa de auditoría debe:

a) Identificar y evaluar los riesgos y oportunidades del programa de auditoría que puedan afectar al logro de sus objetivos.

Auditoría de sistemas de gestión

b) Determinar los requisitos de recursos necesarios para que los riesgos puedan tratarse adecuadamente.

c) Comunicar al cliente de la auditoría los riesgos y oportunidades así como los recursos necesarios.

Riesgo es una incertidumbre con un impacto negativo sobre la consecución de unos objetivos establecidos. Dicho de otra manera, un riesgo es un evento (externo o interno) adverso e incierto que derivado de la combinación de su probabilidad de ocurrencia y el posible impacto pudiera obstaculizar o impedir el logro de las metas y objetivos establecidos.

EJEMPLO

Ejemplos de riesgos asociados a un programa de auditoría:

- No establecer objetivos de la auditoría pertinentes.

- Recursos insuficientes para realizar una auditoría.

- Competencia global insuficiente del equipo auditor para realizar auditorías eficazmente.

- Procesos / canales de comunicación externos/internos ineficaces.

- Coordinación ineficaz de las auditorías dentro del programa de auditoría, o no tener en cuenta la seguridad y confidencialidad de la información.

- Determinación ineficaz de la información documentada necesaria requerida por los auditores y las partes interesadas pertinentes, fracaso a la hora de proteger adecuadamente los registros de auditoría para demostrar la eficacia del programa de auditoría.

- Seguimiento ineficaz de los resultados del programa de auditoría.

- La disponibilidad y la cooperación del auditado y la disponibilidad de evidencias a muestrear.

Oportunidad es una incertidumbre con un impacto positivo sobre la consecución de objetivos establecidos. Por ejemplo, un evento que pudiendo afectar de manera adversa a la consecución de las metas y los objetivos establecidos, ofrece una nueva vía de conseguirlos.

EJEMPLO

Ejemplos de oportunidades asociadas a un programa de auditoría:

- Hay que realizar varias auditorías a una organización y ello requeriría programar varios equipos de auditoría y realizar varias visitas lo que incrementaría los costos. En su lugar se decide llevar a cabo todas las auditorías en una única visita.

- Alinear las fechas de la auditoría con la disponibilidad del personal clave del auditado.

2.4.3 Alcance

El **alcance** de la auditoría describe la extensión y los límites de la auditoría, tales como ubicación, unidades de la organización, actividades y procesos que van a ser auditados, así como el período de tiempo cubierto por la auditoría.

Debe establecerse tanto el alcance del programa de auditoría como de cada auditoría individual perteneciente al programa de auditoría.

2.4.3.1   Extensión del programa de auditoría

La **extensión del programa de auditoría** se refiere al número de auditorías individuales planificadas. En ciertos casos, dependiendo de la estructura o las actividades del auditado, el programa de auditoría podría consistir únicamente en una sola auditoría (por ejemplo, un proyecto o una organización pequeños).

Los responsables de la gestión del programa de auditoría determinarán la extensión del programa de auditoría.

La extensión del programa de auditoría puede variar dependiendo de:

a) La información proporcionada por el auditado sobre su contexto.

b) El objetivo, alcance y duración de cada auditoría y el número de auditorías a llevar a cabo, el método de presentación de informes y, si aplica, el seguimiento de la auditoría.

c) Las normas de sistemas de gestión u otros criterios aplicables.

Auditoría de sistemas de gestión

d) El número, importancia, complejidad, similitud y las ubicaciones de las actividades que se van a auditar.

e) Los factores que influyen en la eficacia del sistema de gestión.

f) Los criterios de auditoría aplicables, tales como los acuerdos planificados para las normas de sistemas de gestión pertinentes, los requisitos legales y reglamentarios y otros requisitos con los que la organización está comprometida.

g) Los resultados de auditorías internas o externas previas y revisiones por la dirección previas, si es apropiado.

h) Los resultados de una revisión previa del programa de auditoría.

i) El idioma, las cuestiones culturales y sociales.

j) Las inquietudes de las partes interesadas, tales como quejas de clientes, incumplimiento de los requisitos legales y reglamentarios y otros requisitos con los que la organización está comprometida, o cuestiones de la cadena de suministro.

k) Los cambios significativos en el contexto del auditado o sus operaciones y los riesgos y oportunidades asociados.

l) La disponibilidad de las tecnologías de la información y comunicación para apoyar las actividades de auditoría, en particular el uso de métodos de auditoría remota.

m) La ocurrencia de sucesos internos y externos, tales como no conformidades de los productos o servicios, filtraciones en la seguridad de la información, incidentes en materia de seguridad y salud, actos delictivos o incidentes ambientales.

n) Los riesgos y oportunidades de negocio, incluyendo las acciones para abordarlos.

2.4.4 Criterios

Criterios de auditoría es el conjunto de requisitos usados como referencia frente a la cual se compara la evidencia objetiva. Los requisitos pueden incluir: políticas, procedimientos, instrucciones de trabajo, normas, leyes, reglamentos, obligaciones contractuales, códigos de conducta de los sectores industriales o de negocio aplicables, etc.

Requisito es una necesidad o expectativa establecida, generalmente implícita u obligatoria.

Un **requisito especificado** es aquel que está establecido.

Tipos de requisitos:

a) Requisitos legales asociados a los productos y servicios ofertados por la organización.

b) Requisitos de la norma de sistema de gestión frente a la cual se audita la organización.

c) Requisitos definidos por la propia organización.

Auditoría de sistemas de gestión

Los requisitos en una norma de sistema de gestión están expresados con las siguientes formas verbales:

- *Debe* indica un requisito.
- *Debería* indica una recomendación.
- *Puede* indica un permiso, una posibilidad o una capacidad.

Los criterios de la auditoría se utilizan como una referencia frente a la cual se determina la conformidad.

2.4.5 Métodos

Los **métodos de auditoría** son las técnicas de investigación y prueba que utiliza el auditor para obtener la evidencia necesaria que fundamente sus opiniones y conclusiones, su empleo se basa en su criterio o juicio, según las circunstancias.

Las personas responsables de la gestión del programa de auditoría deberían seleccionar y determinar los métodos para llevar a cabo la auditoría de manera eficaz y eficiente, dependiendo de los objetivos, el alcance y los criterios de la auditoría definidos.

Las técnicas y métodos de auditoría se pueden clasificar según la ubicación del auditor, la forma en que interactúa o no con los auditados y aquello que auditarán.

Auditoría de sistemas de gestión

Las <u>técnicas y métodos de auditoría según la ubicación y la interacción con los auditados</u> son los siguientes:

a) Auditoría en el sitio con interacción de los auditados.

b) Auditoría en sitio sin interacción humana.

c) Auditoría remota con interacción de los auditados.

d) Auditoría remota sin interacción humana.

Las <u>técnicas y métodos de auditoría según el parámetro auditado</u> son los siguientes:

a) Auditoría de sistema de gestión.

b) Auditoría de proceso.

c) Auditoría de producto.

d) Auditoría de servicio.

2.4.5.1 Auditorías en el sitio con interacción de los auditados

Las auditorías en el sitio con interacción con los auditados se realizan mediante visita en días completos. El número de días depende de varios factores, entre los que se cuentan por supuesto, el tamaño, la complejidad, el riesgo, la naturaleza y el número de ubicaciones de la organización.

Las auditorías en el sitio con interacción con los auditados suele requerir la realización de las siguientes actividades:

- Entrevistas.

- Completar listas de verificación y cuestionarios en compañía y con la participación del auditado.

- Revisar documentos con la participación del auditado.

- Realizar muestreos.

2.4.5.2   Auditorías en el sitio sin interacción humana

En las auditorías en el sitio sin interacción con los auditados, el auditor observa, analiza, revisa y completa listas de verificación, en el sitio, pero sin involucrarse o interactuar con los empleados auditados. Se trata de un enfoque moderno, respetable, pero cuestionado por algunos porque no siempre parece resultar suficiente.

Las auditorías en el sitio sin interacción con los auditados suele requerir la realización de las siguientes actividades:

- Revisar documentos, registros y análisis de datos.

- Observar el trabajo realizado llevando a cabo una visita in-situ completando listas de verificación.

- Muestreo de productos.

2.4.5.3   Auditorías remotas con interacción de los auditados

Las auditorías remotas con interacción de los auditados se realizan mediante comunicación interactiva como las teleconferencias.

Las auditorías remotas con interacción de los auditados suele requerir la realización de las siguientes actividades:

- Entrevistas con los empleados clave.
- Observar el trabajo realizado con la guía remota.
- Completar listas de verificación y cuestionarios.
- Revisar documentos con participación de los empleados encargados de los proceso.

2.4.5.4 Auditorías remotas sin interacción humana

Este es un método de auditoría en el que se suelen realizar las siguientes actividades:

- Revisión de documentos, registros, datos, de forma remota, por vía digital, y sin la participación de los propietarios de los procesos respectivos.
- Observar el trabajo realizado a través de medios de vigilancia, teniendo en cuenta los requisitos sociales, estatutarios y normativos.
- Análisis de datos e información consolidada.

2.4.5.5 Auditoría de sistema de gestión

La auditoría de un sistema de gestión verifica que los elementos aplicables del sistema de gestión son apropiados y efectivos, y se han desarrollado, documentado e implementado de acuerdo con los requisitos especificados.

Auditoría de sistemas de gestión

Auditar un sistema de gestión es auditar los procesos de una organización y sus interacciones en relación con una o más normas de sistemas de gestión.

2.4.5.6 Auditoría de proceso

Una auditoría de proceso verifica que el proceso funcionan dentro de los límites establecidos. Evalúa una operación o método sobre instrucciones o estándares predeterminados para medir su cumplimiento y efectividad.

Una auditoría de proceso puede:

- Verificar el cumplimiento de requisitos, el tiempo de ejecución, la precisión, factores como temperatura, presión, amperaje, mezcla de componentes, etc.

- Examinar recursos físicos como equipos, materiales, personas, pero también procedimientos, instrucciones, manuales de operación.

- Verificar la adecuación y efectividad de los controles de proceso establecidos.

2.4.5.7 Auditoría de producto

Una auditoría de producto verifica que el producto cumple con los requisitos y especificaciones, y, finalmente, con las expectativas de calidad de los clientes.

2.4.5.8 Auditoría de servicio

Una auditoría de servicio verifica que el servicio cumple con los requisitos y especificaciones, y, finalmente, con las expectativas de calidad de los clientes.

2.4.6 Recursos del programa de auditoría

Los responsables de la gestión del programa de auditoría deben determinar los recursos materiales y humanos necesarios.

EJEMPLO

Ejemplos de recursos:

- Recursos humanos (auditores y expertos) con la competencia apropiada para lograr los objetivos del programa de auditoría.

- Recursos financieros y de tiempo necesarios para desarrollar, implementar, gestionar y mejorar las actividades de auditoría.

- Transporte y alojamiento.

- La disponibilidad de las herramientas, la tecnología y los equipos requeridos.

- La disponibilidad de la información documentada necesaria, según lo determine el establecimiento del programa de auditoría.

- Equipos de protección personal.

- Vestimenta adecuada (gorro de trabajo, cubre barba, bata, etc.).

2.4.6.1 Selección de los miembros del equipo auditor

Equipo auditor es una o más personas que llevan a cabo una auditoría con el apoyo, si es necesario, de expertos técnicos.

Auditoría de sistemas de gestión

El equipo auditor se selecciona teniendo en cuenta las competencias necesarias para alcanzar los objetivos de la auditoría dentro del alcance definido y las competencias de los miembros del equipo auditor.

Si los auditores del equipo auditor no cubren la competencia necesaria, los expertos técnicos con competencia adicional deberían estar disponibles para apoyar al equipo auditor.

Si sólo hay un auditor, éste debería realizar todas las tareas aplicables a un líder de equipo auditor.

Los responsables de la gestión del programa de auditoría designan a los miembros del equipo auditor, incluyendo al líder del equipo y a cualquier experto técnico necesario para la auditoría específica.

Cuando proceda, los responsables de la gestión del programa de auditoría consultarán con el líder del equipo sobre la composición del equipo auditor.

Cualquier cambio en la composición del equipo auditor durante la realización de la auditoria se llevaran a cabo con el consenso de las partes interesadas (responsables del programa de auditoría, el líder del equipo auditor, el cliente de la auditoría y el auditado).

2.4.6.2 Asignación de responsabilidades al líder del equipo auditor

Los responsables de la gestión del programa de auditoría asignarán a un líder del equipo auditor la responsabilidad de llevar a cabo cada auditoría individual.

La asignación se realiza con tiempo suficiente antes de la fecha programada de la auditoría, para asegurarse de la planificación eficaz de la auditoría.

Los responsables de la gestión del programa de auditoría suministrarán al líder del equipo auditor toda la información relevante de la auditoría necesaria para realizar sus funciones.

Los responsables de la gestión del programa suministrarán al líder del equipo auditor la siguiente información:

a) Los objetivos de la auditoría.

b) Los criterios de auditoría y la información documentada pertinente.

c) El alcance de la auditoría, incluyendo la identificación de la organización y sus funciones y los procesos que se van a auditar.

d) Los procesos de la auditoría y los métodos asociados.

e) La composición del equipo auditor.

f) Los detalles de contacto del auditado, las ubicaciones, el marco temporal y la duración de las auditorías que se van a llevar a cabo;

g) Los recursos necesarios para llevar a cabo la auditoría.

h) La información necesaria para evaluar y abordar los riesgos y oportunidades identificados para el logro de los objetivos de la auditoría.

i) La información que apoya a los líderes de los equipos auditores en sus interacciones con el auditado para la eficacia del programa de auditoría.

Cuando se considere preciso, al líder del equipo auditor se le suministrará la siguiente información adicional:

a) El idioma de trabajo y del informe de la auditoría, cuando sea diferente del idioma del auditor o del auditado, o de ambos;

b) El contenido requerido del informe de la auditoría y a quién debería distribuirse.

c) Los temas relacionados con la confidencialidad y la seguridad de la información, según lo requiera el programa de auditoría;

d) Cualquier acuerdo sobre seguridad, salud y medio ambiente para los auditores.

e) Los requisitos de transporte o de acceso a ubicaciones remotas.

f) Cualquier requisito de seguridad física y de autorización.

g) Cualquier acción a revisar, por ejemplo las acciones de seguimiento de una auditoría previa.

h) La coordinación con otras actividades de auditoría, por ejemplo cuando equipos distintos están auditando procesos similares o relacionados en ubicaciones diferentes, o en el caso de una auditoría conjunta.

Cuando se lleva a cabo una auditoría conjunta es importante alcanzar un acuerdo entre las organizaciones que llevan a cabo las auditorías, antes de que la auditoría comience, sobre las responsabilidades específicas de cada parte, especialmente en lo que concierne a la autoridad del líder del equipo auditor designado para la auditoría.

2.4.6.3 Guías, expertos técnicos y observadores

Los guías, designados por el auditado, asisten al equipo auditor y actuar cuando lo solicite el líder del equipo auditor o el auditor al que han sido asignados. Sus responsabilidades deberían incluir lo siguiente:

a) Identificar a las personas que participarán en las entrevistas y a confirmar los horarios y las ubicaciones.

b) Facilitar el acceso a ubicaciones específicas del auditado.

c) Asegurarse de que los miembros del equipo auditor y los observadores conocen y respetan las reglas concernientes a los acuerdos específicos para el acceso a la ubicación, la seguridad y salud en el trabajo, el medio ambiente, la seguridad física, la confidencialidad y otras cuestiones, y que se abordan los riesgos.

d) Ser testigos de la auditoría en nombre del auditado, cuando sea apropiado;

e) Proporcionar aclaraciones o ayudar en la recopilación de información, cuando sea necesario.

Los observadores (personal en formación) no pueden participar en la auditoría ni dar opiniones.

Los expertos técnicos aportan conocimientos o experiencia específicos al equipo auditor pero que no actúan como auditores.

2.4.6.4 Software de comunicación para auditoría remota

Un requisito clave en una auditoría en remoto es el uso de herramientas de TIC (tecnologías de la información y la comunicación) así como la existencia de una buena conexión con ancho de banda suficiente para admitir a varias personas conectadas en la reunión digital con el uso compartido de pantalla.

Software de comunicación que puede utilizarse en una auditoría en remoto:

- Avatour 360.
- Cisco WebEx.
- Google Meet.
- Teléfono / conferencia por llamada.
- Zoom.
- Microsoft Teams.

2.4.7 Calendario

El **calendario del programa de auditoría** permite registrar el número, duración, frecuencia y fecha de realización de cada auditoría.

La duración de una auditoría se cuantifica como número de días de auditoría.

Los días de auditoría estarán determinados por el tamaño de la organización, el número de empleados, la complejidad, la naturaleza de la organización y los riesgos a los que está expuesta.

Los días de auditoría están definidos de acuerdo con los parámetros dispuestos por el IAF (Foro Internacional de Acreditación). Mientras las auditorías internas pueden ser flexibles en este punto, las auditorías externas deben ser más rigurosas.

2.4.8 Información documentada

Información documentada es la información que una organización tiene que controlar y mantener, y el medio que la contiene.

La información documentada de la auditoría puede referirse a:

a) La información documentada del auditado como los documentos y registros del sistema de gestión del auditado, así como a informes de auditoría previos.

b) La información documentada necesaria para realizar la auditoria como: las listas de verificación, resultado del muestreo de la información documentada del auditado y cualquier información audiovisual.

La información documentada preparada para la auditoría, y la que resulta de su uso, debería conservarse al menos hasta que finalice la auditoría, o según se especifique en el programa de auditoría.

La información documentada generada durante el proceso de auditoría que contenga información confidencial o protegida debería salvaguardarse de manera adecuada en todo momento por los miembros del equipo auditor.

2.4.9 Vías de comunicación

Durante la planificación del programa de auditoría se establecen las vías de comunicación entre el líder del equipo auditor, el auditado y el cliente de la auditoría.

Durante la auditoría, puede ser necesario llegar a acuerdos formales para la comunicación dentro del equipo auditor, así como con el auditado, el cliente de la auditoría, y potencialmente con las partes interesadas externas (por ejemplo autoridades reglamentarias), especialmente cuando los requisitos legales y reglamentarios exijan la comunicación obligatoria de las no conformidades.

2.5 Implementación

Una vez planificado el programa de auditoría es necesario implementarlo. Para ello, el responsable del programa de auditoría:

a) Comunica las partes pertinentes del programa de auditoría, incluyendo los riesgos y oportunidades implicados, a las partes interesadas pertinentes e informarles periódicamente de su progreso, usando los canales de comunicación externos e internos establecidos.

b) Solicita la aprobación del programa de auditoría por las partes interesadas pertinentes (cliente de auditoría, auditado, auditores líderes).

c) Determina los objetivos, el alcance, el procedimiento, los criterios, los métodos, los recursos, el calendario, la información documentada pertinente para cada auditoría individual.

d) Asegura la realización de las auditorías de acuerdo con el programa de auditoría, gestionando todos los riesgos, oportunidades y cuestiones operacionales (es decir, eventos inesperados), según surjan durante el despliegue del programa;

e) Asegura que la información documentada pertinente relativa a las actividades de auditoría se gestiona y mantiene adecuadamente.

f) Define e implementar los controles operacionales necesarios para el seguimiento del programa de auditoría.

g) Revisa el programa de auditoría a fin de identificar oportunidades para mejorarlo.

Durante la auditoría, el líder del equipo auditor debería comunicar periódicamente los progresos, los hallazgos importantes y cualquier inquietud al auditado y, cuando sea apropiado, al cliente de la auditoría. Las evidencias recopiladas durante la auditoría que sugieren un riesgo inmediato y significativo deberían comunicarse sin demora al auditado y, según sea apropiado, al cliente de la auditoría. Cualquier inquietud sobre una cuestión fuera del alcance de la auditoría debería anotarse y notificarse al líder del equipo auditor, para su posible comunicación al cliente de la auditoría y al auditado.

Cuando las evidencias de auditoría disponibles indican que los objetivos de la misma no son alcanzables, el líder del equipo auditor debería informar de las razones al cliente de la auditoría y al auditado para determinar las acciones apropiadas. Estas acciones pueden incluir cambios en la planificación de la auditoría, en los objetivos de la auditoría o en su alcance, o dar por terminada la auditoría.

Cualquier necesidad de cambios en el plan de auditoría que pueda evidenciarse a medida que progresan las actividades de auditoría debería revisarse y aprobarse, según sea apropiado, tanto por las personas responsables de la gestión del programa de auditoría como por el cliente de la auditoría, y debería presentarse al auditado.

2.6 Seguimiento

El responsable de la gestión del programa de auditoría es responsable del seguimiento de su implementación, prestando especial atención a:

a) El cumplimiento de los calendarios.

b) El logro de los objetivos del programa de auditoría.

c) Evaluación del desempeño de los miembros del equipo auditor, incluyendo el líder del equipo auditor y los expertos técnicos.

d) La implementación de los planes de auditoría.

e) La retroalimentación de los clientes de la auditoría, de los auditados, de los auditores, de los expertos técnicos y de otras partes pertinentes.

f) La suficiencia y adecuación de la información documentada en todo el proceso de auditoría.

Durante el seguimiento de la implementación del programa de auditoría puede surgir la necesidad de modificarlo.

Factores que pueden determinar la necesidad de modificar el programa de auditoría:

- Cambios en el alcance de la auditoría o el alcance del programa de auditoría.
- Cambios en el sistema de gestión del auditado.
- Cambios en las normas, y otros requisitos con los que la organización está comprometida.
- Cambios en los proveedores externos.
- Los hallazgos de la auditoría.
- El nivel demostrado de eficacia y la madurez del sistema de gestión del auditado.

- La eficacia del programa de auditoría.
- Los conflictos de interés identificados.
- Los requisitos del cliente de la auditoría.

2.7 Revisión y mejora

El responsable de la gestión del programa de auditoría y el cliente de la auditoría deberían revisar el programa de auditoría para evaluar si se han alcanzado sus objetivos.

Las lecciones aprendidas de la revisión del programa de auditoría deberían usarse como entradas para la mejora del programa de auditoría.

Durante la revisión del programa de auditoría, el responsable de la gestión del programa de auditoría deberá realizar las siguientes acciones:

a) La revisión de la implementación global del programa de auditoría.

b) La identificación de áreas y oportunidades para la mejora.

c) La aplicación de cambios al programa de auditoría, si es necesario.

d) La revisión del desarrollo profesional continuo de los auditores, de acuerdo con el apartado.

Auditoría de sistemas de gestión

e) La presentación de informes de los resultados del programa de auditoría y la revisión con el cliente de la auditoría y las partes interesadas pertinentes, según sea apropiado.

En la revisión del programa de auditoría hay que tener en cuenta lo siguiente:

a) Los resultados y tendencias del seguimiento del programa de auditoría.

b) La conformidad con los procesos del programa de auditoría y con la información documentada pertinente.

c) La evolución de las necesidades y expectativas de las partes interesadas pertinentes.

d) Los registros del programa de auditoría.

e) Los métodos de auditoría alternativos o nuevos.

f) Los métodos alternativos o nuevos para evaluar a los auditores.

g) La eficacia de las acciones para abordar los riesgos y oportunidades, y cuestiones internas y externas, asociados con el programa de auditoría.

h) Los temas de confidencialidad y seguridad de la información relacionados con el programa de auditoría.

2.8 Seguimiento vs Revisión

No hay que confundir los términos seguimiento y revisión del programa de auditoría.

Seguimiento es la determinación, en diferentes etapas o momentos diferentes, del estado del programa de auditoría. Durante el seguimiento se verifica que se están llevando a cabo las actividades descritas en el programa de auditoría. El seguimiento se realiza mientras se está implementando el programa de auditoría.

Revisión es la determinación de la conveniencia, adecuación o eficacia del programa de auditoría para lograr los objetivos establecidos. La revisión se realiza una vez se ha implementado el programa de auditoría.

2.9 Gestión de los resultados del programa de auditoría

Entendiendo el programa de auditoría como un proceso que genera salidas o resultados, el responsable de la gestión del programa de auditoría es el encargado de gestionar dichos resultados. Para ello, se realizan las siguientes actividades:

a) La evaluación del cumplimiento de los objetivos para cada auditoría dentro del programa de auditoría.

b) La revisión y aprobación de los informes de la auditoría relativos al cumplimiento del alcance y los objetivos de la auditoría.

c) La revisión de la eficacia de las acciones tomadas para tratar los hallazgos de auditoría.

d) La distribución de informes de auditoría a las partes interesadas pertinentes.

e) La determinación de la necesidad de alguna auditoría de seguimiento.

Los responsables de la gestión del programa de auditoría deberían considerar, cuando sea apropiado, comunicar:

a) Los resultados de la auditoría y las mejores prácticas a otras áreas de la organización.

b) Las implicaciones para otros procesos.

2.10 Gestión y conservación de los registros del programa de auditoría

Registro es un documento que presenta resultados obtenidos o proporciona evidencia de actividades realizadas.

El responsable de la gestión del programa de auditoría se asegura de que se generan, gestionan y conservar registros de la auditoría para demostrar la implementación del programa de auditoría.

El responsable de la gestión del programa de auditoría establece procesos para asegurarse de que se tratan las necesidades de seguridad de la información y de confidencialidad asociadas con los registros de la auditoría.

Auditoría de sistemas de gestión

Los registros del programa de auditoría pueden incluir lo siguiente:

a) Los registros relacionados con el programa de auditoría, tales como:

- El calendario de auditorías.
- Los objetivos y la extensión del programa de auditoría.
- Aquellos que abordan los riesgos y oportunidades y las cuestiones externas e internas pertinentes del programa de auditoría.
- Las revisiones de la eficacia del programa de auditoría.

b) Los registros relacionados con cada auditoría, tales como:

- Los planes de auditoría y los informes de auditoría.
- Los hallazgos y las evidencias objetivas de la auditoría.
- Los informes de no conformidad.
- Los informes de correcciones y acciones correctivas.
- Los informes de seguimiento de la auditoría.

c) Los registros relacionados con el equipo auditor que cubran temas tales como:

- La evaluación de la competencia y el desempeño de los miembros del equipo auditor.
- Los criterios para la selección de los equipos auditores y los miembros del equipo y la formación de los equipos auditores.
- El mantenimiento y la mejora de la competencia.

Auditoría de sistemas de gestión

La forma y el nivel de detalle de los registros deberían demostrar que se han alcanzado los objetivos del programa de auditoría.

3 Implementación del programa de auditoría

La implementación de una auditoría requiere seguir una serie de pasos ordenados y sistemáticos que garanticen su eficacia, facilitando la consecución de los objetivos perseguidos. La realización del trabajo a través de una serie de etapas lógicas, cada una de las cuales se constituye como previa y necesaria para la siguiente, y, a su vez, independiente entre sí, nos asegura el éxito en el desempeño de nuestra función de auditor.

De forma general, la implementación una auditoría consta de los siguientes pasos:

1. Preparación de la auditoría.
2. Realización de la auditoría.
3. Elaboración del informe de auditoría.
4. Seguimiento de la auditoría.
5. Cierre de la auditoría.

Cada una de estas etapas consta a su vez de diversas actividades. El grado en el que dichas actividades se lleven a cabo dependerá del tipo de auditoría, de su alcance y de sus objetivos.

Auditoría de sistemas de gestión

La responsabilidad de llevar a cabo una auditoría recae en el líder del equipo auditor.

El cómo se realiza la auditoria de una organización pertenece al:

a) Sistema de gestión del auditado si es una auditoría interna.

b) Sistema de gestión del auditor si es una auditoría externa.

3.1 Preparación

Durante la preparación de la auditoría se llevan a cabo todas las acciones previas a la realización de la auditoría en las instalaciones de la organización auditada.

Las actividades realizadas durante la etapa de preparación de la auditoría son las siguientes:

1. Toma de contacto con el auditado.
2. Determinación de la viabilidad de la auditoría.
3. Revisión de la información documentada del auditado.
4. Planificación de la auditoría.
5. Asignación de tareas y responsabilidades al equipo auditor.
6. Preparación de la información documentada para la auditoría.

En el caso de una auditoría interna, las actividades realizadas durante la etapa de preparación son las siguientes:

1. Toma de contacto con el auditado cuando el auditor es externo a la organización auditada.

2. Planificación de la auditoría.

3. Preparación de la información documentada para la auditoría.

4. Revisión de la información documentada del auditado.

3.1.1 Toma de contacto con el auditado

Durante esta etapa el equipo auditor o auditor contacta con la organización auditada para:

a) Determinar el propósito (objetivo), el alcance, los requisitos (normas, requisitos legales, requisitos reglamentarios, etc.) y el objeto (producto, servicio, procesos, sistema de gestión, áreas funcionales) de la auditoría.

b) Establecer el calendario y la duración de la auditoria.

c) Comunicar al auditado la composición del equipo auditor sus roles y responsabilidades. Si fuera necesario, comunicar al auditado la presencia de observadores y expertos técnicos durante la auditoría.

d) Identificar los representantes (guías y observadores) del auditado durante la auditoría y asignación de roles y responsabilidades.

e) Solicitar el acceso a la información pertinente para la planificación y realización de la auditoría.

f) Establecer los recursos materiales (instalaciones de reunión, etc.) y humanos (guías, observadores, intérpretes) necesarios para realizar la auditoría.

g) Establecer la forma de acceder con seguridad a las áreas auditadas.

h) Establecer los mecanismo para preservar la información confidencial.

i) Establecer los canales de comunicación entre el auditado y el auditor.

j) Responder a las preguntas del auditado.

Cuando el auditor que va a realizar la auditoría interna no pertenece a la organización auditada, es preciso un contacto previo con el cliente de la auditoría para recabar información necesaria para planificar la auditoría interna.

Toda la información recabada durante esta etapa queda registrada en el formulario *FO-SIG-016002 Minutas reunión* (ver formulario 7.2 en el Anexo) perteneciente al procedimiento *PNT-SIG-016 Auditoría*.

3.1.2 Determinación de la viabilidad de la auditoría

Determinación de la viabilidad de la auditoría para proporcionar la confianza razonable en que los objetivos de la auditoría pueden lograrse.

Auditoría de sistemas de gestión

La determinación de la viabilidad debería tener en cuenta factores tales como la disponibilidad de lo siguiente:

a) La información suficiente y apropiada para planificar y llevar a cabo la auditoría.

b) La cooperación adecuada del auditado.

c) El tiempo y los recursos adecuados para llevar a cabo la auditoría.

En el caso de que la auditoría no fuera viable, debería proponerse al cliente de la auditoría una alternativa, de acuerdo con el auditado.

La viabilidad de la auditoría queda registrada en el formulario *FO-SIGC-016001 Programa anual de auditoría* (ver formulario 7.1 en el Anexo) perteneciente al procedimiento *PNT-SIG-016 Auditoría*.

3.1.3 Revisión de la información documentada del auditado

La información documentada pertinente del sistema de gestión del auditado debería revisarse a fin de:

a) Reunir información para comprender las operaciones del auditado y preparar las actividades de auditoría y los documentos de trabajo de auditoría aplicables.

b) Establecer una visión general de la extensión de la información documentada para determinar la posible conformidad con los criterios de auditoría y detectar las posibles áreas de inquietud, como deficiencias, omisiones o conflictos.

La información documentada debería incluir, pero no limitarse a: documentos y registros del sistema de gestión, así como a informes de auditoría previos.

La revisión debería tener en cuenta el contexto de la organización del auditado, incluyendo su tamaño, naturaleza y complejidad, y sus riesgos y oportunidades relacionados. También debería tener en cuenta el alcance, los criterios y los objetivos de la auditoría.

La revisión de la información documentada del auditado forma parte de la auditoría en sí misma. No obstante, suele revisarse en la fase previa de Planificación aun cuando los hallazgos se registran en el el formulario *FO-SIG-016005 Informe final* (ver formulario 7.5 en el Anexo) perteneciente al procedimiento *PNT-SIG-016 Auditoría*.

3.1.4 Planificación de la auditoría

El líder del equipo auditor adopta un enfoque basado en riesgos para planificar la auditoría, con base en la información del programa de auditoría y en la información documentada proporcionada por el auditado.

La planificación de la auditoría considerará los riesgos de las actividades de auditoría en los procesos del auditado y proporcionará la base para el acuerdo entre el cliente de la auditoría, el equipo auditor y el auditado en lo relativo a la realización de la auditoría.

La planificación de la auditoría facilita la programación en el tiempo y la coordinación eficientes de las actividades de auditoría a fin de alcanzar los objetivos eficazmente.

El **plan de auditoría** es el documento que define la estrategia, la programación y las características de la auditoría. Constituye una guía de trabajo para el auditor, formaliza y ordena su conducta, garantiza que todas las actividades sean eficazmente realizadas, que no se produzcan duplicaciones de esfuerzos y que se cumplan los plazos de tiempo que se hayan establecido. Para la realización de su trabajo el equipo auditor debe seguirlo de forma rigurosa, su cumplimiento constituye una prueba frente a terceros del trabajo desarrollado, una garantía de calidad del mismo y un método de supervisión.

El nivel de detalle proporcionado en el plan de auditoría reflejará el alcance y la complejidad de ésta, así como los riesgos de no lograr los objetivos de la auditoría.

El plan de la auditoría incluye como mínimo los siguientes puntos:

a) Nombre y título de la auditoría.

b) Número de la auditoría.

c) Programa de auditoría al que está asociada la auditoría.

Auditoría de sistemas de gestión

d) Objetivos de la auditoría.

e) Alcance de la auditoría. Identificación de la organización y de sus funciones, así como los procesos que van a auditarse.

f) Análisis de los riesgos y oportunidades asociados a la realización de la auditoría.

Hay que considerar tanto los riesgos para el logro de los objetivos de la auditoría generados por una planificación ineficaz de la auditoría como los riesgos para el auditado generados al realizar la auditoría.

Los riesgos para el auditado pueden originarse por la presencia de los miembros del equipo auditor que influyen adversamente en las disposiciones del auditado para la seguridad y salud, el medio ambiente y la calidad, y sus productos, servicios, personal o infraestructura del auditado (por ejemplo, contaminación de espacios limpios).

Hay que considerar las oportunidades para mejorar la eficacia y eficiencia de las actividades de auditoría

g) Criterios de auditoría.

h) Métodos de auditoría (técnicas de muestreo, listas de verificación, etc.).

i) Calendario detallado de la auditoría con indicación de las fechas, tiempos y actividades.

j) Identificación del equipo auditor y la asignación de sus roles y responsabilidades.

Auditoría de sistemas de gestión

k) Identificación de los interlocutores o representantes (guía, observador) de la organización auditada y la asignación de sus funciones.

l) Identificación de los expertos técnicos e intérpretes del equipo auditor y la asignación de sus roles.

m) Información documentada de la organización auditada que es preciso revisarse.

n) Recursos materiales y humanos necesarios para realizar la auditoría.

o) Documentos de referencia.

p) Temas relacionados con la confidencialidad y la seguridad de la información.

q) La coordinación con otras actividades de auditoría, en el caso de una auditoría conjunta

r) Actividades de seguimiento de la auditoría planificada.

s) Aprobación del plan de auditoría.

La planificación de la auditoría queda registrada en el formulario *FO-SIG-016002 Plan de Auditoría* (ver formulario 7.3 en el Anexo) perteneciente al procedimiento *PNT-SIG-016 Auditoría*.

3.1.5 Asignación de tareas y responsabilidades al equipo auditor

El líder del equipo auditor, consultando con el equipo auditor, asignará a cada miembro del equipo la responsabilidad para auditar procesos, actividades, funciones o lugares específicos y, según sea apropiado, la autoridad para la toma de decisiones. Tales asignaciones tendrán en cuenta la imparcialidad, la objetividad y la competencia de los auditores y el uso eficaz de los recursos, así como los diferentes roles y responsabilidades de los auditores, los auditores en formación y los expertos técnicos.

El líder del equipo auditor realizará reuniones del equipo auditor, cuando sea apropiado, para distribuir las asignaciones de trabajo y decidir los posibles cambios. Los cambios en las asignaciones de trabajo pueden hacerse a medida que la auditoría se va llevando a cabo para asegurar el logro de los objetivos de la auditoría.

3.1.6 Información documentada para la auditoría

Información documentada es la información que una organización tiene que controlar y mantener, y el medio que la contiene.

Los miembros del equipo auditor recopilan y revisan la información pertinente a las tareas de auditoría asignadas y preparan la información documentada para la auditoría, usando cualquier medio apropiado.

La información documentada para la auditoría puede incluir, pero no se limita a:

a) Información sobre la organización auditada.

b) Listas de verificación físicas o digitales.

c) Detalles de muestreo de auditoría.

d) Información audiovisual.

La información documentada preparada para la auditoría, y la que resulta de su uso, se conserva al menos hasta que finalice la auditoría, o según se especifique en el programa de auditoría.

La información documentada generada durante el proceso de auditoría que contenga información confidencial o protegida se salvaguarda de manera adecuada en todo momento.

3.1.6.1 Información sobre la organización auditada

Previa a la realización de la auditoría se solicitará e la organización auditada la siguiente información:

a) Horarios y días de producción.

b) Turnos.

c) Organigrama.

d) Plano de la instalación.

e) Diagrama de flujo del proceso.

f) Resumen de los puntos críticos de control (PCC).

g) Lista de productos o grupos de productos que la auditoría revisará.

h) Copia del último informe de auditoría.

3.1.6.2 Lista de verificación

La **lista de verificación,** comprobación, chequeo, verificación o check-list, es una relación de preguntas o cuestiones a las que el auditor tiene que dar respuesta durante el desarrollo de la auditoría.

La lista de verificación es un documento de uso interno para el auditor que abarca los aspectos sustanciales que el sistema de gestión del auditado debe cumplir, no debiendo confundirse sus preguntas con las preguntas que el auditor realiza al auditado durante la auditoría.

Cada auditor debe elaborar su propia lista de verificación basada en los requisitos auditados.

Las cuestiones incluidas en las listas de verificación deben dar respuesta a los requisitos de la norma, ley o reglamento que sirven de fundamento para establecer los criterios de la auditoría.

Una lista de verificación bien realizada debe desarrollar preguntas que especifican criterios no claramente establecidos en la norma, ley o reglamento pero que el auditor debe tener en cuenta.

Auditoría de sistemas de gestión

En general, las listas de verificación son una relación de preguntas a las que el auditor contestará:

- si, no, no aplica.
- satisfactorio, insatisfactorio, parcial, no aplica.

Par registrar la lista de verificación utilizar el formulario *FO-SIG-016004 Lista de verificación* (ver formulario 7.4 en el Anexo) perteneciente al procedimiento *PNT-SIG-016 Auditoría*.

El cumplimiento o incumplimiento de un requisito por parte del sistema de gestión de una organización puede no ser total, existiendo una gradación en el mismo. Por ejemplo, no es igual encontrar 1 trabajador sin formación entre 100, que no dar formación a ningún trabajador.

Cuando el auditor prepara la lista de comprobación debe tener mucho cuidado en no alterar o interpretar inadecuadamente los requisitos de la norma, ley o reglamento en los que se fundamentan los criterios de la auditoría.

No hay que olvidar que se está auditando a la organización en cuanto a su cumplimiento o no de los requisitos de la norma y no de la lista de verificación. A veces, el auditor acaba creyendo que su lista de verificación dictamina los requisitos de la auditoría y no la norma, ley o reglamento de referencia.

Tipos de listas de verificación

En general hay dos tipos de lista de verificación en función del ordenamiento de las preguntas:

a) Lista de verificación ordenada según la estructura de la norma, ley o reglamento en la que se fundamentan los criterios de la auditoría.

b) Lista de verificación ordenada según la estructura organizativa de la organización auditada.

Beneficios

El uso de las listas de comprobación durante el desarrollo de la auditoría presenta una serie de beneficios tanto para el auditor como para el auditado.

Beneficios para el auditor:

a) Guía básica para la auditoría. La lista es una guía del recorrido que el auditado realiza a través del sistema de gestión de la organización, pero sin establecer rigideces que le ciñan en su realización. La lista es un documento interno del auditor, no le exige realizar las preguntas tal y como se indican en la misma, le da una libertad ordenada y evita que deje algún tipo de criterio, actividad, etc., sin auditar.

b) Registro de la auditoría. Al igual que el auditor exige la presentación de registros que validen las evidencias, la lista sirve de registro de los aspectos auditados, los resultados obtenidos y la valoración de los mismos para el auditor que, en algún momento, tendrá que ser evaluado o auditado por la Administración, su organización, etc.

c) Exige menos memoria al auditor. El uso de la lista evita al auditor tener que mantener en su memoria todos los criterios del estándar, lo que ha revisado o no, los criterios de interpretación, etc., lo que le exigiría un gran esfuerzo.

d) Sirve para posteriores auditorías. Cuando un mismo auditor o miembro de la misma organización va a realizar una auditoría, puede revisar las listas utilizadas anteriormente, estudiando los comentarios incluidos por el auditor, los aspectos revisados, etc., que le transmitirán más información que el informe, ya que aparecerán reflejadas impresiones personales, hallazgos no reflejados por falta de evidencias objetivas, etc.

Beneficios para el auditado:

a) Garantía de objetividad. El uso de la lista de comprobación asegura al auditado que la auditoría ha sido realizada de forma objetiva e independiente, sin la interpretación particular del auditor en función del desarrollo de la auditoría.

b) Información sobre las líneas básicas de la auditoría. La lista debe estar a disposición del auditado antes de la auditoría, si éste lo desea, permitiéndole conocer los criterios y líneas básicas que el auditor seguirá en el desarrollo de la auditoría.

c) Sirve al auditado para sus propias auditorías. Muchas organizaciones, en la preparación de la auditoría, realizan auditorías internas previas con la finalidad de evaluarse internamente e intuir los posibles resultados de la auditoría externa. Las organizaciones suelen utilizar las listas de comprobación de los auditores externos, pudiendo, de esta forma, asegurarse el éxito. Los auditores externos no deben entender esto como una trampa por parte de la organización; si durante la auditoría interna se corrigen errores del sistema, se ha conseguido el objetivo buscado, la mejora de la prevención, y no el «pillar» a la organización.

Cuantificación

Cuando el grupo auditor se dispone a realizar la reunión final, es habitual que el auditado le pregunte si han salido muchas o pocas no conformidades. Es decir, el auditado desea una cuantificación de los resultados de la auditoría para así poder compararla con los resultados de auditorias previas y poder analizar su evolución temporal.

Todos los métodos de cuantificación de los resultados de auditorías requieren listas de verificación porque están basados en la contestación a preguntas concretas. La cuantificación está fundamentada en la asignación de un valor a cada pregunta, en función de su cumplimiento o incumplimiento, y la posterior suma de los valores obtenidos.

Auditoría de sistemas de gestión

Existen normas internacionales de gestión, como por ejemplo las normas *BRCGS* e *IFS*, que tienen sus propios criterios de cuantificación de los resultados de las auditorías.

No hay que olvidar que independientemente de la cuantificación, todas las no conformidades y observaciones deben ser solventadas.

A modo de ejemplo se muestra un ejemplo de cuantificación de los resultados de una auditoría.

EJEMPLO

Cuantificación de los resultados de una auditoría en función del grado de cumplimiento:

- 0 = Incumplimiento total del requisito.
- 1 = Los cumplimientos son anecdóticos.
- 2 = El cumplimiento y los incumplimientos son similares.
- 3 = Existen algunos incumplimientos anecdóticos.
- 4 = Cumplimiento total.

Para obtener el resultado o valoración del conjunto de la auditoría se utilizará la siguiente formula:

$$\text{Resultado} = \Sigma V_i$$

Que expresado en tanto por ciento:

Auditoría de sistemas de gestión

$$\text{Resultado (\%)} = 100 \times [\Sigma Vi / (N \times Vm)]$$

donde:

- N = Número total de aspectos evaluados o preguntas de la lista.
- Vm = Valoración máxima posible de una pregunta.
- Vi = Valoración de la pregunta asignada por el auditor.

Respecto al número de preguntas «N», puede ocurrir que alguna de ellas no sea aplicable, por lo que el valor de «N» sería el correspondiente al número de preguntas que sean de aplicación. Igualmente, cuando por cualquier circunstancia, un auditor añada algún tipo de cuestión o pregunta a la lista de requisitos, se deberá incrementar el valor de «N».

Además de poder valorar el resultado de la auditoría, es posible dividir la valoración en apartados, de la misma forma que dividimos la lista de verificación. El proceso es el mismo, realizándose los cálculos de valoración por apartados, consiguiendo un valor para cada uno de ellos. Esto nos permite analizar en qué aspectos está mejor o peor implantado el sistema y por lo tanto conocer los puntos fuertes y débiles de la organización.

3.2 Realización de la auditoría

Una vez preparada la auditoría se procede a su realización.

Las actividades llevadas a cabo durante la etapa de realización de la auditoría suelen dividirse en:

1. Reunión de apertura.
2. Revisión de la información documentada del auditado.
3. Visita general de la organización auditada.
4. Recopilación y verificación de evidencias.
5. Evaluación de evidencias y registro de los hallazgos de la auditoría.
6. Reuniones diarias del equipo auditor.
7. Reuniones diarias con el auditado.
8. Reunión final del equipo auditor.
9. Reunión de cierre.

3.2.1 Reunión de apertura

Antes de comenzar la auditoría, se realiza una reunión de apertura con la dirección del auditado y, cuando sea apropiado, con aquellos responsables de las funciones o de los procesos que se van a auditar.

La reunión de apertura estará presidida por el líder del equipo auditor.

Auditoría de sistemas de gestión

La finalidad de la reunión de apertura es la siguiente:

1. Presentar el Plan de auditoría y alcanzar el acuerdo de todos los participantes (auditado y equipo auditor) sobre el mismo.

2. Confirmar los objetivos, alcance y criterios de la auditoría.

3. Presentar al equipo auditor con indicación de sus roles y responsabilidades.

4. Presentar a los observadores, guías y expertos técnicos presentes durante la realización de la auditoría.

5. Confirmar los acuerdos sobre confidencialidad de la información documentada del auditado y la originada como consecuencia de la auditoría.

6. Confirmar la disponibilidad de los recursos materiales (instalaciones para reuniones) y humanos (guías y expertos técnicos que precisa el equipo auditor.

7. Confirmar la forma de acceso seguro a las instalaciones del auditado durante la auditoría.

8. Comunicar al equipo auditor los procedimientos de emergencia (salidas de emergencia y puntos de reunión) del auditado.

9. Comunicar al equipo auditor las actividades realizadas en las instalaciones del auditado que pudieran tener un impacto sobre la realización de la auditoría.

10. Comunicar al auditado cómo se categorizan los hallazgos de la auditoría.

Auditoría de sistemas de gestión

11. Confirmar los canales de comunicación entre el auditado y el equipo auditor.

12. Comunicar las condiciones bajo las cuales la auditoría puede cancelarse y darse por terminada.

13. Comunicar el sistema de retroalimentación del auditado sobre los hallazgos o conclusiones de la auditoría, incluyendo las quejas o apelaciones.

14. Confirmar la fecha y hora de la reunión de cierre.

15. Permitir al auditado a realizar preguntas aclaratorias.

La reunión de apertura queda registrada en el formulario *FO-SIG-016005 Minutas de reunión* (ver formulario 8.2 en el Anexo) perteneciente al procedimiento *PNT-SIG-016 Auditoría*.

3.2.2 Revisión de la información documentada del auditado durante la auditoría

La información documentada pertinente del sistema de gestión del auditado se revisa para:

a) Determinar la conformidad del sistema de gestión con los criterios de auditoría, sobre la base de la documentación disponible.

b) Reunir información para apoyar las actividades de auditoría.

Al revisar la información documentada hay que comprobar si es completa, coherente, correcta, actualizada y si proporciona evidencia objetiva suficiente para demostrar que se han cumplido los requisitos.

Durante la revisión de la información documentada del auditado hay que asegurar la debida confidencialidad y el cumplimiento de la normativa que regule la protección de datos.

Los hallazgos encontrados durante la revisión de la información documentada del auditado se registran en el formulario *FO-SIG-016006 Informe final de auditoría* (ver formulario 8.5 en el Anexo) perteneciente a el procedimiento *PNT-SGC-016 Auditoría*.

3.3 Visita general

Independientemente de las visitas específicas que cada uno de los miembros del equipo auditor realice a las distintas áreas de la organización durante la auditoría, es conveniente que todo el equipo realice una visita general a la organización. Durante esta visita podrán hacerse una idea general de los distintos procesos, instalaciones, riesgos, etc., lo cual va a permitirles una mejor realización de la auditoría.

Auditoría de sistemas de gestión

La duración de esta visita no debe ser excesiva, no debiéndose durante la misma comenzar la toma de datos y evidencias, ya que lo único que se pretende es conocer la sistemática de funcionamiento, los procesos y la forma de trabajo, con el fin de poder realizar mejor la auditoría.

3.3.1 Recopilación y verificación de información

Una vez realizada la reunión inicial y la visita previa a la organización, cada auditor comenzará a realizar su trabajo con los interlocutores que le hayan correspondido, comenzando la búsqueda de evidencias que permitan establecer el grado de conformidad del sistema de gestión de la organización.

3.3.1.1 Evidencia objetiva

Evidencia objetiva es el conjunto de datos verificables que respaldan la existencia o veracidad de algo. La evidencia objetiva con fines de auditoría generalmente consiste en registros, declaraciones de hechos u otra información que son pertinentes para los criterios de auditoría.

La evidencia es el conjunto de datos (información oral o escrita) verificables pertinente para los criterios de la auditoría y que permite que el auditor llegue a una conclusión.

La evidencia de una auditoría debe ser ante todo fiable y ello depende de que sea: relevante, suficiente y verificable.

Auditoría de sistemas de gestión

La evidencia debe ser relevante a los objetivos y al alcance de la auditoría.

La evidencia objetiva suficiente de una auditoría es:

a) Completa (todo el contenido esperado está en la información documentada).

b) Correcta (el contenido es conforme con otras fuentes fiables, tales como normas y reglamentos).

c) Coherente (la información documentada es coherente consigo misma y con documentos relacionados).

d) Actual (el contenido está actualizado).

Sólo debería aceptarse como evidencia de la auditoría la información que puede estar sujeta a algún grado de verificación. Cuando el grado de verificación es bajo, el auditor debería utilizar su juicio profesional para determinar el grado de fiabilidad que se puede depositar en la información como evidencia. Debería registrarse la evidencia que conduce a hallazgos de la auditoría.

Si, durante la recopilación de evidencias objetivas, el equipo auditor es consciente de cualesquiera circunstancias o riesgos u oportunidades nuevos o que han cambiado, el equipo debería abordarlos en consecuencia.

Durante la búsqueda de evidencias (recopilación y verificación de información) hay que minimizar la interferencia entre las actividades de la auditoría y los procesos de trabajo del auditado.

Durante la auditoría, la información pertinente a los objetivos, el alcance y los criterios de la misma, incluyendo la información relativa a las interrelaciones entre funciones, actividades y procesos, debería recopilarse mediante un muestreo apropiado y debería verificarse, en la medida de lo posible.

3.3.1.2 Métodos de recopilación de información

La recolección de información es el proceso que consume más tiempo y esfuerzo de toda la auditoría. Por ello, se utilizan las técnicas de muestreo para recopilar la información relevante a los objetivos, al alcance y a los criterio de la auditoría.

Las **fuentes de información** seleccionadas para recopilar evidencias pueden variar de acuerdo con el alcance y la complejidad de la auditoría y pueden incluir lo siguiente:

a) **Revisión de la información documentada del auditado** como: políticas; objetivos; planes; procedimientos; normas; instrucciones; licencias y permisos; especificaciones; planos; contratos y pedidos; registros (registros de inspección, actas de reuniones, informes de auditoría, registros de programas de seguimiento y resultados de mediciones).

b) **Observación** de las actividades, el ambiente de trabajo y las condiciones circundantes del auditado.

c) **Entrevistas** con personal del auditado.

Una auditoría no es una inspección, por ello no es necesario examinar toda la información disponible, basta con que sea representativa de la realidad y de valor probatorio.

La obtención de evidencias es clave para el éxito de una auditoría. Existen diversas <u>estrategias metodológicas utilizadas para obtener evidencia</u> entre la cuales cabe citar las siguientes:

a) Rastreo.

b) Proceso.

c) Área funcional.

d) Requisito.

e) Aleatorio.

La evidencia de auditoría es de naturaleza acumulativa y se obtiene principalmente durante la realización de la auditoría. A veces la evidencia proviene de los resultados de auditorías previas. Incluso la imposibilidad de obtener información del auditado (negativa de la organización auditada a suministrarla) constituye una evidencia.

Rastreo

El rastreo, o el seguimiento del progreso cronológico de algo a medida que se procesa, es una forma común y efectiva de recopilar evidencia objetiva durante una auditoría. Mediante el rastreo se sigue la progresión cronológica de eventos en un proceso.

El rastreo puede iniciarse desde el inicio, la mitad o el final de un proceso.

El rastreo puede realizarse hacia delante o hacia atrás.

En el **rastreo hacia adelante**, un auditor comienza al principio o en la mitad de un proceso de fabricación o servicio, por ejemplo, y rastrea hacia adelante (hacia abajo).

En el **rastreo hacia atrás**, el auditor comienza en la mitad o al final de un proceso y rastrea hacia atrás (aguas arriba). El rastreo hacia atrás puede ser más revelador que el rastreo hacia adelante porque el auditor examina el proceso desde la perspectiva de ver los resultados (producto o servicio) de la actividad anterior.

En el rastreo primero se elige la actividad a auditar y luego se obtiene información respecto a los métodos, la maquinaria, las materias primas, la mano de obra, las mediciones y las condiciones ambientales.

El rastreo puede usarse en auditorías de procesos y de sistemas.

El método de rastreo es útil cuando un procedimiento no está claro, cuando la evidencia de auditoría para verificar la conformidad o no conformidad es evasiva, y al evaluar problemas de desempeño.

El rastreo puede utilizarse para verificar las acciones cronológicas descritas en una instrucción de trabajo y en un procedimiento normalizado de trabajo de la organización auditada.

Proceso

El método de proceso audita los procesos del sistema de gestión de la organización auditada. Al auditar un sistema de gestión basado en procesos, la secuencia y la interacción de los procesos ya se han definido. Para ello, el auditor puede ayudarse de un diagrama de flujo o mapa de proceso.

El método del proceso es efectivo para identificar las debilidades del sistema de gestión de una organización.

Área funcional

En el método del área funcional el auditor se enfoca en todas las acciones realizadas por una área funcional o departamento de la organización auditada.

La auditoría por área funcional está indicada cuando la responsabilidad en el cumplimiento de los requisitos establecidos recae a nivel del área funcional o departamento.

Requisito

El método del requisito audita cualquiera de los requisitos establecidos por la norma internacional o reglamento objeto de la auditoría. Es decir, se audita un requisito cada vez.

Este método permite auditar horizontalmente todas las áreas funcionales de la organización auditada.

Requisito es una necesidad o expectativa establecida, generalmente implícita u obligatoria.

Requisito especificado es aquel que está establecido.

Los requisitos en una norma de sistema de gestión están expresados con las siguientes formas verbales:

- *Debe* indica un requisito;
- *Debería* indica una recomendación
- *Puede* indica un permiso, una posibilidad o una capacidad.

La ventaja de la auditoría según los requisitos es que existe un vínculo directo entre los requisitos externos establecidos por la norma internacional de referencia y la verificación de su conformidad o cumplimiento.

Aleatorio

El método aleatorio no utiliza ninguna estrategia lógica previamente establecida para obtener la evidencia. Es un método efectivo cuando el auditor sabe que existe un problema pero aún no lo ha localizado. En realidad, con este método se audita lo que está ocurriendo actualmente en la organización auditada.

En general, el método aleatorio no sería preciso utilizarlo si la auditoría se ha planificado adecuadamente.

3.3.2 Muestreo

Muestreo es la técnica utilizada para seleccionar los elementos integrantes de una muestra a partir de una población.

El muestreo permite examinar una muestra representativa del total de la información del auditado disponible durante la auditoría.

El muestreo durante la auditoría tiene lugar cuando no es práctico o no es rentable examinar toda la información disponible durante la auditoría.

Con carácter general, tiene sentido aplicar muestreo cuando:

a) No sea posible examinar el 100% de los elementos de la población.

b) La población esté constituida por un número elevado de elementos; por tanto, el tamaño de la muestra que se obtenga sea muy inferior al del total elementos de la población. En este sentido, se puede considerar que el tamaño de la población influirá poco en el tamaño de la muestra a partir de poblaciones de 200 elementos y nulo a partir de 2.000 elementos.

c) La población esté atomizada; es decir, que en la misma no haya partidas que, por sí solas, sean muy significativas y puedan analizarse de manera pormenorizada.

d) Los distintos elementos de la población sean homogéneos entre sí.

e) En base a la evaluación inicial y la experiencia de ejercicios anteriores, se espere que se produzcan ninguno o pocos errores en el área o afirmación sobre la que se pretende obtener evidencia (puesto que el tamaño de la muestra requerida aumenta al aumentar el número de errores esperados).

Durante el muestreo de la información del auditado se procede de la siguiente forma:

1. Establecer los objetivos de muestreo.
2. Seleccionar la extensión y la composición de la población de la que se va a realizar el muestreo.
3. Seleccionar un método de muestreo.
4. Determinar el tamaño de la muestra a tomar.

5. Llevar a cabo la actividad de muestreo.

6. Recopilar, evaluar, informar y documentar los resultados.

3.3.2.1 Tipos de muestreo

Tipos de muestreo:

a) Muestreo basado en el juicio del auditor.

b) Muestreo estadístico o probabilístico.

La decisión de utilizar muestreo estadístico o basado en el juicio del auditor depende del juicio profesional del auditor.

En cualquier muestreo lo importante es que los elementos de la muestra seleccionados sean representativos del total.

El muestreo estadístico permite soportar de manera objetiva las conclusiones obtenidas y permite cuantificar el riesgo de muestreo (aspecto que no permite el muestreo no estadístico).

En cualquier caso, las técnicas de muestreo que se utilizan deberán ser consistentes con los objetivos perseguidos en la prueba de auditoría.

Muestreo basado en el juicio del auditor

En el muestreo basado en el juicio del auditor la selección de la muestra se realiza por métodos en los que no interviene el azar. Por tanto, se desconoce la probabilidad de selección de cada integrante de la muestra.

El muestreo no probabilístico es útil cuando el total de información es limitado.

Un inconveniente del muestreo basado en el juicio del auditor es que puede no haber una estimación estadística del efecto de la incertidumbre en los hallazgos de la auditoría y en las conclusiones alcanzadas.

Muestreo probabilístico o aleatorio

El **muestreo estadístico** es aquel en el que la determinación del tamaño de la muestra, la selección de los elementos de la muestra y la evaluación de los resultados se llevan a cabo utilizando métodos matemáticos que se basan en modelos probabilísticos.

El muestreo estadístico presenta las siguientes características:

a) Selección aleatoria de los elementos de la muestra.

b) Aplicación de la teoría de la probabilidad para evaluar los resultados de la muestra, incluyendo la medición del riesgo de muestreo.

El muestreo estadístico puede dividirse en las siguientes etapas:

1. Elaborar el plan de muestreo.
2. Realizar el muestreo aleatorio.
3. Evaluar los resultados del muestreo.

Cuando se utiliza el muestreo estadístico, los auditores deben documentar apropiadamente el trabajo realizado. Esto incluye una descripción de la población que se pretende muestrear, los criterios de muestreo utilizados para la evaluación (por ejemplo, qué es una muestra aceptable), los parámetros estadísticos y los métodos utilizados, el número de muestras evaluadas y los resultados obtenidos.

3.3.2.1.1.1 Tipos de muestreo estadístico

Tipos de muestreo estadístico:

a) **Muestreo de atributos** se aplica en poblaciones binomiales para las que los resultados pueden ser únicamente dos: cumple o no cumple. Lo relevante es determinar los elementos de la población que cumplen la característica concreta que se pretende medir; es decir, el porcentaje de ocurrencia de dicha característica. Normalmente se utiliza en pruebas diseñadas para validar la eficacia operativa de un control.

b) **Muestreo de variables** se utiliza cuando el auditor pretende alcanzar conclusiones sobre una población en términos de importe monetario; por ejemplo, quiere conocer el importe monetario (parámetro cuantitativo en términos de unidades monetarias) de los errores en una determinada cuenta. Este tipo de muestreo resulta útil cuando se utiliza el muestreo en pruebas sustantivas de detalle. El muestreo por unidad monetaria (MUM) o monetary unit samplig (MUS) y el muestreo de variables clásicas son métodos de muestreo estadístico de variables.

3.3.2.1.1.2 Riesgo de muestreo

El riesgo asociado con el muestreo es que las muestras pueden no ser representativas de la población de la que se seleccionan. Por tanto, la conclusión del auditor puede estar sesgada y ser diferente de la que se alcanzaría si se examinara toda la población. Puede haber otros riesgos dependiendo de la variabilidad dentro de la población de la que se va a realizar el muestreo y del método elegido.

El **riesgo de muestreo** es el riesgo de que la conclusión del auditor basada en la muestra pueda diferir de la que obtendría aplicando el mismo procedimiento de auditoría a toda la población.

Al realizar el muestreo, se considera la calidad de los datos disponibles, ya que un muestreo de datos insuficientes o imprecisos no dará un resultado útil.

3.3.2.1.1.3 Plan de muestreo

El muestreo estadístico está basado en el Plan de muestreo que establece el tamaño de muestra y el criterio de evaluación (aceptación o rechazo).

El plan de muestreo tiene en cuenta si lo auditado es una variable discreta o continua.

- El **muestreo basado en atributos** se usa cuando sólo hay dos posibles resultados muestrales para cada muestra (por ejemplo, correcto/incorrecto o apto/no apto). Por ejemplo, para evaluar la conformidad de los formularios completados con los requisitos establecidos en un procedimiento se utiliza el muestreo basado en atributos.

- El **muestreo basado en variables** se utiliza cuando el resultado de la muestra se da en un rango continuo. Por ejemplo, para evaluar la ocurrencia de incidentes de inocuidad de los alimentos o el número de infracciones de seguridad, se utiliza el muestreo basado en variables.

Todo muestreo estadístico tiene asociado un nivel de riesgo o de incertidumbre. Es decir, al no auditar a todo la población siempre existe el riesgo que la muestra seleccionada tenga valores distintos al resto de la población. El riesgo de muestreo se cuantifica a través del nivel de significación α y β.

El plan de muestreo contiene la siguiente información:

- **Nivel aceptable de calidad (NAC o AQL)** es el máximo porcentaje de elementos muestreados no conformes que constituyen una no conformidad y que el auditor está dispuesto a aceptar como "conformes" o como "no conformidades menores".

  El valor de NAC o AQL describe lo que el plan de muestreo aceptará.

- **Nivel de calidad rechazable o inaceptable (RQL o LTPD)** es el máximo porcentaje de elementos muestreados no conformes que constituyen una no conformidad y que el auditor no está dispuesto a aceptar como "conformes" o como "no conformidades mayores". El RQL o LTPD describe lo que el plan de muestreo rechazará.

- **Nivel de significación α** (riesgo del productor) es la probabilidad de rechazar una muestra que tiene un nivel de calidad igual al NAC o AQL y que debería ser aceptado.

- **El nivel de significación α** es el riesgo de considerar como no conformidad mayor una que en realidad es una no conformidad menor.

- **Nivel de significación β** (riesgo del consumidor) es la probabilidad de aceptar una muestra que tiene un nivel de calidad igual al RQL o LTPD y que debería ser rechazada.

El nivel de significación β es el riesgo de considerar como no conformidad menor una que en realidad es una no conformidad mayor.

- **Tamaño de la muestra** es el número de elementos que se seleccionan aleatoriamente de un conjunto de elementos para su inspección.

- **Número de aceptación** es el número máximo de elementos no conformes que se permiten en una muestra extraída de un conjunto de elementos aceptable.

- **La probabilidad de aceptación (P_a)** describe la posibilidad de aceptar un lote en particular con base en un plan de muestreo y proporción de no conformes entrante específicos.

- **La probabilidad de rechazo (P_r)** describe la posibilidad de rechazar un lote en particular con base en un plan de muestreo y proporción de no conformes entrante específicos. La probabilidad de rechazo es sencillamente 1 menos la probabilidad de aceptación.

$$P_r = 1 - P_a$$

3.3.2.1.1.4 Ejemplo de muestreo estadístico

Se está auditando el departamento de compras de una organización y se desean verificar los contratos firmados con los proveedores en el último año.

Supongamos que el auditado ha firmado 250 contratos con proveedores en el último año. Como no se desean revisar los 250 contratos, se decide realizar un muestreo aleatorio. Para ello se establece el siguiente plan de muestreo:

- Nivel aceptable de calidad (NAC o AQL) = 5%
- Nivel de calidad rechazable o inaceptable (RQL o LTPD) = 70%
- Nivel de significación α = 5%
- Nivel de significación β = 10%

Para calcular los valores de tamaño de la muestra y el número de aceptación se pueden utilizar:

- La norma *ISO 2859-4. Procedimientos de muestreo para inspección por atributos. Parte 4: Procedimientos para la evaluación de los niveles de calidad establecidos. ISO 2859-4:2020. Sampling procedures for inspection by attributes - Part 4: Procedures for assessment of declared quality levels.*
- El software *Minitab* para calcular los valores.

En el caso de utilizar el software *Minitab* para conocer el tamaño de la muestra y el número de aceptación, se procede como se indica a continuación.

Primero hay que acceder al software de muestreo de la siguiente manera:

Estadísticas → Herramientas de calidad → Muestreo de aceptación por atributos

Auditoría de sistemas de gestión

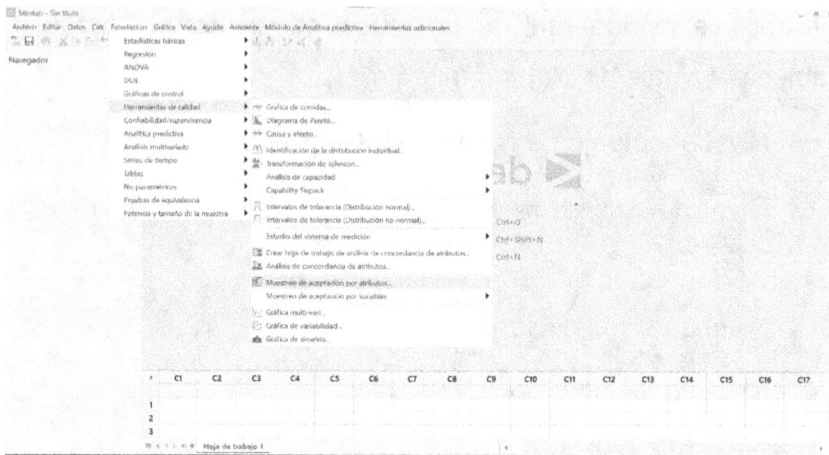

A continuación, se introducen los valores del plan de muestreo, como se muestra en la siguiente imagen.

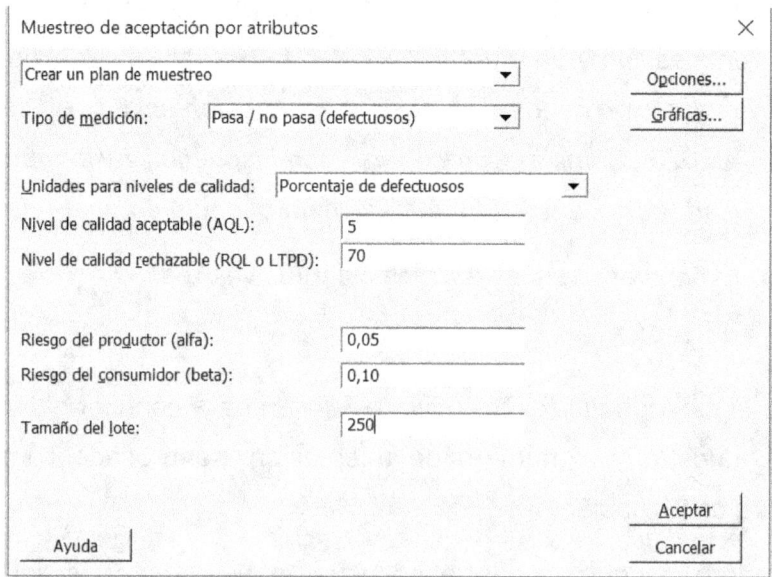

Se presiona el botón Aceptar para obtener los resultados del plan de muestreo, como se muestra en las siguientes imágenes:

Auditoría de sistemas de gestión

Muestreo de aceptación por atributos

Tipo de medición: Pasa/No pasa
Calidad del lote en porcentaje de elementos defectuosos
Tamaño del lote: 250
Utilizar la distribución binomial para calcular la probabilidad de aceptación

Método

Nivel de calidad aceptable(AQL)	5
Riesgo del productor(α)	0,05
Nivel de calidad rechazable (RQL o LTPD)	70
Riesgo del consumidor(β)	0,1

Planes generados

Tamaño de la muestra	4
Número de aceptación	1

Aceptar el lote si los elementos defectuosos en una muestra de 4 ≤ 1; De lo contrario, rechazarlo.

Porcentaje de elementos defectuosos	Probabilidad de aceptación	Probabilidad de rechazo	AOQ	ATI
5	0,986	0,014	4,851	7,4
70	0,084	0,916	5,765	229,4

Por lo tanto, de los 250 contratos se muestrean aleatoriamente 4 y:

- Si 1 o ningún contrato no cumple los requisitos establecidos, entonces el resultado del muestreo se considera una no conformidad menor.

- Si 2 o más contratos no cumplen los requisitos, entonces el resultado del muestreo se considera una no conformidad mayor.

3.3.3 Evidencia

Evidencia es cualquier información verificable y relevante para los criterios de la auditoría. Sólo se acepta como evidencia la información que pueda ser verificada.

Evidencia objetiva es el conjunto de datos que respaldan la existencia o veracidad de algo. La evidencia objetiva con fines de auditoría generalmente consiste en registros, declaraciones de hechos u otra información que son pertinentes para los criterios de auditoría y verificables.

Indicio es un fenómeno que permite conocer o inferir la existencia de otro no conocido. Se habla de indicio cuando la relevancia, suficiencia o fiabilidad de la evidencia no es suficiente o es baja.

3.3.3.1   Revisión de la información documentada

La información documentada (documentos) del sistema de gestión del auditado suministra información sobre su diseño o contenido y de su gestión o ejecución.

La revisión de información documentada tiene como objetivo evaluar:

1. Si el sistema de gestión está diseñado de acuerdo a los criterios que le son de aplicación.

2. Si el sistema de gestión se gestiona de acuerdo a lo planificado.

Durante la revisión de la información documentada debe comprobarse si:

　　a) Son coherentes con el estándar.

　　b) Cubren todos los requisitos del estándar.

　　c) Definen claramente cómo, cuándo, dónde y quién realiza las distintas actividades.

　　d) Están aprobados y claramente identificados.

El **registro** es la descripción escrita de una acción realizada, es decir, son las pruebas documentales de conformidad con los requerimientos especificados por el sistema. Con la revisión de los mismos estamos buscando pruebas objetivas de la realización de las actividades especificadas en los documentos internos y externos.

Durante la **comprobación de los registros** investigaremos si:

　　a) Están de acuerdo con los requeridos en la documentación del sistema.

　　b) Han sido correctamente utilizados.

　　c) La información es completa.

　　d) Está identificado quién los realizó.

El auditor no debe caer en la tentación de basar la auditoría en la búsqueda de evidencias formales, es decir, la existencia de firmas, mejor o menor calidad del formato del registro, indicación de fechas, etc., que, si bien son importantes, pueden enmascarar la mejor o peor cumplimiento de los requisitos de la auditoría. Este error, habitual en auditores poco expertos, hace perder valor a la auditoría ante el auditado.

Un problema que se presenta a la hora de hacer la auditoría es la definición de cuáles son los registros de los que debe disponer la organización auditada. En este sentido debemos tener en cuenta que, desde un punto de vista normativo y legal, sólo podremos exigir a la organización que disponga de los documentos y registros establecidos en la norma o legislación que aplique.

3.3.3.2 Observación

La observación es la técnica por medio de la cual, el auditor se cerciora personalmente de hechos y circunstancias relacionados con la forma como se realizan las operaciones en la organización auditada por parte del personal de la misma.

3.3.3.3 Entrevistas

Las entrevistas son un medio importante para recopilar información y deberían llevarse a cabo de un modo adaptado a la situación y a la persona entrevistada, sea cara a cara o por otros medios de comunicación.

Auditoría de sistemas de gestión

En general, durante las entrevistas del personal de la organización auditada hay que tener en cuenta lo siguiente:

a) Las entrevistas se realizan con personas de los niveles y funciones apropiados que desempeñan actividades o tareas dentro del alcance de la auditoría.

b) Las entrevistas se llevan a cabo durante la jornada de trabajo normal y, cuando sea posible, en el lugar de trabajo normal de la persona entrevistada.

c) Hay que asegurarse que la persona entrevistada esté cómoda antes de la entrevista y durante la misma.

d) Hay que explicar la razón de la entrevista y cualquier toma de notas.

e) Las entrevistas pueden iniciarse solicitando a las personas que describan su trabajo.

f) Deben seleccionarse el tipo de preguntas utilizado (preguntas abiertas, cerradas, inductivas, indagaciones apreciativas).

g) Debe tomarse conciencia de la limitación en la comunicación no verbal en los entornos virtuales; en su lugar, debería hacerse hincapié en el tipo de preguntas a usar para encontrar evidencias objetivas.

h) Los resultados de la entrevista deberían resumirse y revisarse con la persona entrevistada.

i) Debe agradecerse a las personas entrevistadas su participación y cooperación.

La entrevista es un proceso de comunicación entre el auditor (emisor) y el entrevistado (receptor). Por ello, para un adecuado desarrollo de ésta se deben tener en cuenta cuatro aspectos básicos:

a) El lenguaje oral.

b) El lenguaje gestual.

c) La imagen.

d) Las preguntas.

3.3.3.4 Verificación de evidencias

Durante la verificación de que la información recopilada (evidencias) proporciona evidencia objetiva suficiente del cumplimiento o incumplimiento de los criterios de la auditoría hay que asegurarse de que además es:

a) **Completa** (todo el contenido esperado está en la información documentada).

b) **Correcta** (el contenido es conforme con otras fuentes fiables, tales como normas y reglamentos.

c) **Coherente** (la información documentada es coherente consigo misma y con documentos relacionados).

d) **Actual** (el contenido está actualizado).

La verificación de las evidencias que conducen a los hallazgos de la auditoría se registran en el formulario *FO-SIG-016005 Informe final de auditoría* (ver formulario 7.5 en el Anexo) perteneciente al procedimiento *PG-SIG-016 Auditoría*.

3.3.4 Hallazgos

Durante la auditoría se evalúa la información recopilada del auditado frente a los criterios de la auditoria para determinar si hay evidencia o no de cumplimiento o incumplimiento.

Información recopilada ⟷ Criterios de auditoría

Al evaluar la información recopilada durante la auditoría, el auditor obtiene indicios y evidencias del cumplimiento o incumplimiento respecto a los criterios de la auditoria lo que se traduce en hallazgos que finalmente son redactados en las conclusiones del informe de auditoría.

Hallazgo de la auditoría es el resultado de la evaluación de la evidencia de la auditoría recopilada frente a los criterios de la auditoría. El hallazgo de la auditoría indica conformidad o no conformidad.

Clasificación de los hallazgos de una auditoría:

a) **Conformidades** o **cumplimiento**.

b) **No conformidades** o **no cumplimiento**. Las no conformidades demuestran fallos en el cumplimiento del sistema de acuerdo con los requerimientos estándar. En el caso de una auditoría reglamentaria, todas las observaciones deben representar incumplimientos sobre la reglamentación.

Las no conformidades pueden clasificarse dependiendo del contexto de la organización y de sus riesgos. Esta clasificación puede ser cuantitativa (por ejemplo, de uno a cinco) y cualitativa (por ejemplo, menor, mayor).

c) **Observaciones**. Las observaciones son discrepancias con los requerimientos que no demuestran un fallo en el cumplimiento de los mismos, sino que debilita o puede debilitar la eficacia del mismo. En general, las observaciones no corregidas acabarán convirtiéndose en no conformidades.

d) **Oportunidades de mejora**. Una **oportunidad de mejora** es un hallazgo en el cual sí existe un cumplimiento, pero a pesar de ello se determina, bajo criterios objetivos, que existe un margen de mejora para optimizar más una actividad, tarea o proceso concreto.

Los hallazgos se refieren a hechos y condiciones, en general, fáciles de identificar, pero deben ser claramente demostrados como discrepancias con los estándares establecidos. Para probarlos están las evidencias objetivas.

Al registrar los hallazgos de una auditoría hay que tener en consideración lo siguiente:

a) Los resultados de auditorías previas.

b) Los requisitos del cliente de la auditoría.

c) El grado en que se han realizado las actividades de auditoría planificadas y en que se han logrado los resultados planificados.

d) La exactitud, la suficiencia y la adecuación de las evidencias objetivas para apoyar los hallazgos de la auditoría.

e) La categorización (si existe) de los hallazgos de la auditoría.

f) La descripción de los criterios de auditoría o referencia a los mismos.

g) La evidencia que respalda el hallazgo.

h) La declaración de conformidad, no conformidad u observación.

Las evidencias que conducen a los hallazgos de la auditoría se registran en el formulario *FO-SIG-016005 Informe final de auditoría* (ver formulario 7.5 en el Anexo) perteneciente al procedimiento *PNT-SIG-016 Auditoría*.

3.3.4.1   Tipos de no conformidades

Por lo general, cada sistema de gestión clasifica las no conformidades de forma diferente.

Auditoría de sistemas de gestión

La norma *ISO 9001:2015 Sistemas de gestión de la calidad . Requisitos* no establece ninguna diferencia entre las no conformidades. Es decir, según la norma *ISO 9001:2015* en una auditoría hay dos tipos de hallazgos: conforme y no conforme.

> Ahora bien, cualquier no conformidad que resulta del incumplimiento de un requisito reglamentario siempre se considerará como una no conformidad mayor.

Aun cuando según la norma *ISO 9001:2015* todas las no conformidades de una auditoría tienen el mismo valor, una organización puede establecer criterios internos para diferenciar entre una no conformidad menor y no conformidad mayor. El motivo de esta distinción es el utilizar recursos (tiempo y dinero) en solventar primero las no conformidades más relevantes para cada tipo de organización.

A modo de ejemplo, se muestra en la siguiente tabla una forma de diferenciar entre una no conformidad menor y una no conformidad mayor.

Auditoría de sistemas de gestión

Clasificación de las no conformidades	
No conformidad menor	**No conformidad mayor**
La no conformidad ocurre ocasionalmente.	La no conformidad ocurre con frecuencia.
La no conformidad no afecta a los clientes.	La no conformidad afecta a los clientes.
La no conformidad no tiene un impacto económico relevante.	La no conformidad tiene un impacto económico relevante.
La no conformidad puede corregirse rápidamente, fácilmente, y a bajo costo.	La no conformidad no puede corregirse y requiere reprocesado o destrucción del material o producto afectado.
	Incumplimiento de un requisito reglamentario.

Durante la certificación de la norma *BRCGS Seguridad alimentaria V8* se distinguen los siguientes 3 tipos de no conformidades:

a) **Menor** cuando no se ha cumplido una cláusula por completo pero, de acuerdo con las evidencias objetivas, la conformidad del producto no se pone en duda.

b) **Mayor** cuando hay un fallo sustancial en el cumplimiento de los requisitos de una «declaración de intenciones» o de cualquier cláusula de la Norma, o se detecta una circunstancia que, de acuerdo con las evidencias objetivas, suscitaría importantes dudas en cuanto a la conformidad del producto suministrado.

c) **Crítica** cuando hay un fallo crítico en el cumplimiento de un requisito legal o de seguridad alimentaria.

Auditoría de sistemas de gestión

Durante la certificación de la norma *IFS Food V7* se distinguen las siguientes 2 tipos de no conformidades:

a) No conformidad mayor.

b) No conformidad KO.

Una no conformidad mayor se produce:

- Cuando existe una deficiencia sustancial en el cumplimiento de los requisitos de la norma, lo que incluye seguridad alimentaria y/o los requisitos legales aplicables en los países de producción y de destino.

- Cuando la no conformidad identificada puede implicar un peligro serio para la salud de los consumidores.

Una no conformidad KO se produce cuando se incumple alguno de los 10 requisitos KO.

Durante la certificación de la norma SQF se distinguen los siguientes 3 tipos de no conformidades:

a) **Menor.** Una no conformidad menor es evidencia de un fallo aleatorio o infrecuente en el mantenimiento del cumplimiento de un requisito pero no indica un fallo en el sistema de gestión de la seguridad alimentaria, o que la seguridad alimentaria se ve comprometida. Es evidencia de una implementación incompleta o inapropiada de los requisitos de la norma *SQF*, que, si no se corrigen, podrían provocar el fallo de los elementos del sistema de gestión.

b) **Mayor**. Una no conformidad mayor es un fallo de un elemento del sistema de gestión, un fallo sistémico en el sistema de gestión de la seguridad de los alimentos, una desviación grave de los requisitos y/o ausencia de evidencia que demuestre el cumplimiento de un requisito del sistema de gestión o de las buenas prácticas de fabricación. Es evidencia de un riesgo para la seguridad alimentaria de los productos incluidos en el alcance de la certificación.

c) **Crítica**. Una no conformidad crítica es un fallo de los controles en un punto de control crítico (PCC), un incumplimiento de un programa de prerrequisitos, o cualquier fallo en una etapa del proceso que cause un riesgo significativo y probable para la salud pública y/o la contaminación del alimento. También se plantea una no conformidad crítica si el organismo de certificación considera que existe una falsificación de registros relacionados con los controles de seguridad alimentaria y el Sistema de gestión SQF.

3.3.5 Reuniones diarias del equipo auditor

Durante la búsqueda de evidencias, la mayoría de los auditores desarrollarán su trabajo independientemente. Teniendo en cuenta que ningún área o actividad de la organización auditada es independiente del resto, durante la búsqueda cada auditor recibe cierta información de cómo se realizan determinadas actividades que no están dentro de su agenda.

Con el fin de asegurar la imprescindible coordinación del equipo auditor, éste debe reunirse cada cierto tiempo para intercambiar información, opiniones y consultas entre sí. Estas reuniones serán llevadas a cabo sin la presencia de miembros de la organización.

Durante la reunión diaria del equipo auditor se tratarán los siguientes aspectos:

a) Revisión de la agenda de auditoría y su modificación, si es necesario.

b) Comentar hallazgos, conclusiones y problemas.

c) Consensuar criterios ante situaciones difíciles.

No se requiere un número fijo de reuniones. Habitualmente se mantiene una corta reunión antes o después de las comidas y una reunión más larga al finalizar el día.

El contenido de las reuniones del equipo auditor se registran en el formulario *FO-SIG-016004 Minutas de reunión* (ver formulario 8.2 en el Anexo) perteneciente al procedimiento *PNT-SIG-016 Auditoría*.

3.3.6 Reuniones diarias con el auditado

Independientemente de la duración de la auditoría, al final del día o comienzo del siguiente, es conveniente realizar una reunión con los miembros de la organización auditada implicados o una representación de los mismos.

Auditoría de sistemas de gestión

Esta reunión no es imprescindible, pero su realización mejora la calidad de la auditoría, permitiendo, sobre todo en las auditorías largas, que la organización no tenga que esperar hasta la reunión final para conocer los hallazgos que el equipo auditor está encontrando, evitando sorpresas de última hora.

La reunión diaria con el auditado, cuya duración no debe superar los 15 minutos, será realizada con posterioridad a la reunión del equipo auditor, informándose al auditado de los siguientes aspectos:

a) Marcha de la auditoría respecto a la planificación.

b) Observaciones más importantes.

c) Necesidad de información o documentación complementaria.

d) Problemas que requieran una actuación de la organización auditada.

Debe tenerse en cuenta que todos los hallazgos transmitidos durante las reuniones diarias pueden sufrir modificación en las conclusiones finales, la ampliación de información puede dar lugar a cambios en las conclusiones del equipo auditor.

En la mayoría de los casos, la propia información suministrada es utilizada por la organización para realizar modificaciones o correcciones rápidas que permitan dar por corregidas las observaciones o no conformidades, por lo que en las conclusiones finales éstas habrán desaparecido.

Auditoría de sistemas de gestión

El equipo auditor debe tener en cuenta que estas reuniones se convocan para el beneficio propio y el de la organización, por lo que no deben degenerar en un enfrentamiento.

Si el equipo auditor estaba equivocado en sus conclusiones, la organización tendrá motivación para corregirle o ayudarle, si realmente existía un problema, la investigación adicional que se suscita ayudará para reforzar el hecho. En ambos casos, ambas partes ganan.

Cuando un auditor o experto técnico va a desarrollar parcialmente la auditoría, por ser su trabajo específico para una actividad o área, la reunión diaria servirá para que éste se despida de los representantes de la organización, quedando sus no conformidades perfectamente aclaradas antes de irse.

El contenido de las reuniones con el auditado se registran en el formulario *FO-SIG-016004 Minutas de reunión* (ver formulario 8.2 en el Anexo) perteneciente al procedimiento *PNT-SIG-016 Auditoría*.

3.3.7 Reunión final del equipo auditor

La reunión final del equipo auditor tiene dos objetivos:

a) Redactar las conclusiones de la auditoría.

b) Preparar la reunión de cierre con el auditado.

Durante la reunión final el líder del equipo auditor debe repasar todos los aspectos auditados de forma ordenada, indicando cada auditor en la parte que le corresponda los hallazgos encontrados y las conclusiones que ha extraído. El resto del equipo aportará aquella información que pueda modificar o ratificar las conclusiones expuestas, para evitar los sesgos producidos por la información parcial que puede disponer un determinado auditor.

Aunque el principal responsable de la auditoría sea el líder del equipo auditor, los resultados de una auditoría son los resultados extraídos por el equipo auditor.

El equipo auditor debería reunirse antes de la reunión de cierre para:

a) Revisar los hallazgos de la auditoría y cualquier otra información apropiada recopilada durante la auditoría frente a los objetivos de la misma.

b) Acordar las conclusiones de la auditoría, teniendo en cuenta la incertidumbre inherente al proceso de auditoría.

c) Preparar recomendaciones, si estuviera especificado en el plan de auditoría.

d) Comentar el seguimiento de la auditoría, cuando sea aplicable.

3.3.7.1 Conclusiones de la auditoría

Analizados todos los hallazgos encontrados, el líder del equipo auditor procederá a realizar un resumen de los mismos, dando por definitivas las conclusiones de la auditoría, las cuales debe escribir, en forma de borrador de informe, antes de proceder a su presentación a la organización auditada.

Auditoría de sistemas de gestión

Las **conclusiones de la auditoría** deberían tratar aspectos tales como los siguientes:

a) El grado de conformidad con los criterios de auditoría y la robustez del sistema de gestión, incluyendo la eficacia del sistema de gestión para cumplir los resultados previstos, la identificación de riesgos y la eficacia de las acciones tomadas por el auditado para abordar los riesgos.

b) La implementación, el mantenimiento y la mejora eficaces del sistema de gestión.

c) El logro de los objetivos de la auditoría, cobertura del alcance de la auditoría y cumplimiento de los criterios de la auditoría.

d) Los hallazgos similares encontrados en distintas áreas auditadas o en una auditoría conjunta o en una auditoría previa, con el propósito de identificar tendencias.

e) Si se especifica en el plan de auditoría, las conclusiones de auditoría pueden llevar a recomendaciones para la mejora, o a futuras actividades de auditoría.

El contenido de la reunión final del equipo auditor se registra en el formulario *FO-SIG-016004 Minutas de reunión* (ver formulario 8.2 en el Anexo) perteneciente al procedimiento *PNT-SIG-016 Auditoría*.

3.3.8 Reunión de Cierre

La reunión de cierre tiene como finalidad comunicar al auditado los hallazgos y conclusiones de la auditoría. En la reunión de cierre con el auditado, los auditores deberán presentar sus conclusiones y reconfirmar todas las no conformidades que hayan detectado durante la auditoría.

En general, es recomendable que asistan a la reunión de cierre los siguientes:

a) El líder del equipo auditor y los miembros del equipo auditor.

b) Los representantes de la organización auditada.

c) El cliente de la auditoría.

d) Otras partes interesadas, según lo determinen el cliente de la auditoría y/o el auditado.

Durante la reunión es fundamental que no existan discrepancias reales o aparentes entre el equipo auditor, por lo que los auditores sólo manifestarán su opinión cuando el líder del equipo auditor les dé la palabra. El equipo auditor habla con una sola voz: la del líder del equipo auditor.

Auditoría de sistemas de gestión

Con el fin de iniciar la reunión de forma distendida, el líder del equipo auditor comenzará la reunión indicando que la auditoría ha concluido, agradeciendo a la organización su hospitalidad, las atenciones y el trato recibido. No debemos olvidar que el auditado está esperando las conclusiones como el alumno que espera las notas de un examen.

El líder del equipo auditor debe comenzar por exponer los aspectos positivos y después los negativos, poniéndose en el punto de vista de los auditados. El objetivo de la auditoría es que las cosas cambien para bien, la organización auditada ya ha realizado un esfuerzo que agradecerá que le sea reconocido.

Una reunión final bien conducida debe haber transmitido a los miembros de la organización auditada que el auditor no se ha dedicado simplemente a buscar fallos o puntos débiles, sino que ha sido capaz de analizar el sistema de gestión de forma correcta, habiendo captado el verdadero estado de las cosas. Esto es difícil de transmitir, pues en la presentación de conclusiones los aspectos positivos se suelen generalizar, mientras que los aspectos negativos se enumeran detalladamente.

Cuando sea apropiado, en la reunión de cierre debería explicarse al auditado lo siguiente:

a) Advertir que la evidencia de la auditoría recopilada se basó en una muestra de la información disponible y no es necesariamente totalmente representativa de la eficacia global de los procesos del auditado.

b) El método de presentación de la información.

c) La manera en que deberían tratarse los hallazgos de auditoría basándose en el proceso acordado.

d) Las posibles consecuencias de no tratar adecuadamente los hallazgos de auditoría.

e) La presentación de los hallazgos y conclusiones de la auditoría de tal manera que se comprendan y se reconozcan por la dirección del auditado.

f) Cualquier actividad posterior a la auditoría relacionada (por ejemplo, implementación y revisión de acciones correctivas, tratamiento de quejas de la auditoría, proceso de apelación).

Los auditados tienden a justificar su actuación, discutiendo la interpretación del auditor o su comprensión de la realidad de la organización auditada. El líder del equipo auditor deberá dejar claro la validez de los hallazgos, recurriendo en muchos casos al guía de la organización auditada para validar los mismos, no debiendo permitir que la reunión se transforme en una agria discusión, ni realizar cambios en sus conclusiones que no estén claramente justificados. De lo contrario, demostrará una debilidad que puede poner en entredicho su profesionalidad y, por tanto, el resultado de la auditoría.

Cualquier opinión divergente relativa a los hallazgos de la auditoría o las conclusiones entre el equipo auditor y el auditado debería discutirse y, si es posible, resolverse. Si no se resuelve, deberían registrarse todas las opiniones.

Auditoría de sistemas de gestión

Durante la reunión puede surgir por parte del auditado la petición de ayuda para corregir los problemas detectados. En general, un auditor no es un consultor que pueda recomendar acciones correctoras para corregir las no conformidades. No obstante, si lo especifican los objetivos de la auditoría, pueden presentarse recomendaciones de oportunidades para la mejora. Se debería enfatizar que las recomendaciones no son obligatorias.

Una vez expuestos y aclarados los hallazgos, no es conveniente alargar la reunión; tanto el equipo auditor como los auditados estarán cansados, teniendo ambas partes ganas de finalizar la auditoría. El líder del equipo auditor dará por terminada la reunión y se procede a la despedida.

Si está definido en el sistema de gestión o por acuerdo con el cliente de la auditoría, los participantes deberían acordar el periodo de tiempo para un plan de acción que trate los hallazgos de la auditoría.

Para algunas situaciones de auditoría, la reunión puede ser formal y las actas, incluyendo los registros de asistencia, deberían conservarse. En otras situaciones, por ejemplo, en auditorías internas, la reunión de cierre puede ser menos formal y consistir sólo en comunicar los hallazgos de la auditoría y las conclusiones de la misma.

El contenido de la reunión de cierre se registra en el formulario *FO-SIG-016004 Minutas de reunión* (ver formulario 8.2 en el Anexo) perteneciente al procedimiento *PNT-SIG-016 Auditoría*.

3.4 Informe de auditoría

Durante la reunión final el equipo auditor presenta sus conclusiones. Con posterioridad se elaborará el informe definitivo y se enviará a la organización auditada y al cliente de la auditoría.

El resultado de la auditoría se plasma en el informe de auditoría, de ahí su importancia, pues va a reflejar todo el trabajo que ha desarrollado el equipo auditor y sus conclusiones. El líder del equipo auditor debe cuidar la redacción del mismo, pues una vez entregado es la única constancia de su trabajo.

El informe de auditoría se registra en el formulario *FO-SIG-016005 Informe final de auditoría* (ver formulario 8.5 en el Anexo) perteneciente al procedimiento *PNT-SIG-016 Auditoría*.

3.4.1 Características

El informe de la auditoría debería proporcionar un registro completo, preciso, conciso, claro, categorizado, y verificable.

3.4.2 Contenido

El informe de la auditoría debería incluir o hacer referencia a lo siguiente:

a) Los objetivos de la auditoría.

b) El alcance de la auditoría, particularmente la identificación de la organización (el auditado) y de las funciones o procesos auditados.

c) La identificación del cliente de la auditoría.

d) La identificación del equipo auditor y de los participantes del auditado en la auditoría.

e) El plan de auditoría, incluyendo el horario.

f) Las fechas y ubicaciones donde se realizaron las actividades de auditoría.

g) Los criterios de auditoría.

h) Un resumen del proceso de auditoría, incluyendo cualquier obstáculo encontrado que pueda disminuir la confianza en las conclusiones de la auditoría.

i) Los hallazgos de la auditoría y las evidencias relacionadas.

j) Las buenas prácticas identificadas.

k) Las conclusiones de la auditoría y los principales hallazgos de la auditoría que las apoyan.

l) Una declaración del grado en el que se han cumplido los criterios de la auditoría.

m) La confirmación de que se han cumplido los objetivos de la auditoría dentro del alcance de la auditoría, de acuerdo con el plan de auditoría.

n) Cualquier área dentro del alcance de la auditoría no cubierta, incluyendo cualquier cuestión sobre la disponibilidad de las evidencias, los recursos o la confidencialidad, con las justificaciones relacionadas.

o) Cualquier opinión divergente sin resolver entre el equipo auditor y el auditado.

p) El seguimiento acordado del plan de acción, si existiera.

q) Cualquier implicación para el programa de auditoría o las auditorías posteriores.

r) Una declaración sobre la naturaleza confidencial de los contenidos.

3.4.3 Distribución

El informe de la auditoría debería emitirse en el periodo de tiempo acordado. Si se retrasa, las razones deberían comunicarse al auditado y a las personas responsables de la gestión del programa de auditoría.

El informe de la auditoría debería estar fechado, revisado y aceptado, según sea apropiado, de acuerdo con el programa de auditoría.

A continuación, el informe de la auditoría debería distribuirse a las partes interesadas pertinentes definidas en el programa de auditoría o en el plan de auditoría.

Al distribuir el informe de la auditoría, deberían tenerse en cuenta las medidas apropiadas para asegurar la confidencialidad.

3.5 Seguimiento

Los resultados de la auditoría pueden, dependiendo de los objetivos de la auditoría, indicar la necesidad de correcciones, o de acciones correctivas, u oportunidades para la mejora. Tales acciones generalmente son decididas y emprendidas por el auditado en un intervalo de tiempo acordado.

Al auditado le corresponde determinar y poner en marcha las correcciones, o las acciones correctivas precisas, para corregir las no conformidades detectadas o eliminar sus causas.

La responsabilidad del auditor se limita a la identificación de dichas no conformidades.

Cuando sea apropiado, el auditado debería mantener informadas a las personas responsables de la gestión del programa de auditoría y/o al equipo auditor sobre el estado de estas acciones.

Debería verificarse si se completaron las acciones y su eficacia. Esta verificación puede ser parte de una auditoría posterior. Debería presentarse un informe con los resultados a la persona responsable de la gestión del programa de auditoría, y al cliente de la auditoría para la revisión por la dirección.

3.6 Finalización

La auditoría finaliza cuando se hayan realizado todas las actividades de auditoría planificadas.

La información documentada perteneciente a la auditoría debería conservarse o eliminarse de común acuerdo entre las partes participantes y de acuerdo con el programa de auditoría y los requisitos aplicables.

Salvo que se requiera por ley, el equipo auditor y las personas responsables de la gestión del programa de auditoría no deberían revelar ninguna información obtenida durante la auditoría ni el informe de la auditoría a ninguna otra parte, sin la aprobación explícita del cliente de la auditoría y, cuando sea apropiado, la del auditado. Si se requiere revelar el contenido de un documento de la auditoría, el cliente de la auditoría y el auditado deberían ser informados tan pronto como sea posible.

3.7 Comportamiento de los auditores durante la auditoría

Los auditores deberían poseer los atributos necesarios que les permitan actuar de acuerdo con los principios de la auditoría. Para ello debe tener un comportamiento profesional caracterizado por ser:

a) **Ético** y por tanto: imparcial, sincero, honesto y discreto.

b) De **mentalidad abierta** y dispuesto a considerar ideas o puntos de vista alternativos.

c) **Diplomático** y con tacto en las relaciones con las personas.

d) **Observador** y activamente consciente del entorno físico y las actividades.

e) **Perceptivo** y por tanto: consciente y capaz de entender las situaciones.

f) **Versátil** y capaz de adaptarse fácilmente a diferentes situaciones.

g) **Tenaz** y por tanto: persistente y orientado hacia el logro de los objetivos;

h) **Decidido** y capaz de alcanzar conclusiones oportunas basadas en el análisis y el razonamiento lógico.

i) **Seguro** de sí mismo y capaz de actuar y funcionar independientemente a la vez que interactúa eficazmente con otros;

j) **Capaz de actuar con firmeza**. Por tanto, capaz de actuar de manera responsable y ética, aunque estas acciones puedan no ser siempre populares y en alguna ocasión puedan causar desacuerdos o alguna confrontación.

k) **Abierto a la mejora** y dispuesto a aprender de las situaciones;

l) **Abierto a las diferencias culturales** y por tanto: observador y respetuoso con la cultura del auditado;

m) **Colaborador**. Consecuentemente capaz de interactuar eficazmente con los demás, incluyendo los miembros del equipo auditor y el personal del auditado.

4 Auditoría interna

4.1 Requisitos

Todas las normas internacionales que establecen los requisitos de los sistemas de gestión certificables tiene como requisito la realización de auditorías internas. Así, la norma *ISO 9001:2015. Sistemas de gestión de la calidad. Requisitos*, establece:

La organización debe:

a) planificar, establecer, implementar y mantener uno o varios programas de auditoría que incluyan la frecuencia, los métodos, las responsabilidades, los requisitos de planificación y la elaboración de informes, que deben tener en consideración la importancia de los procesos involucrados, los cambios que afecten a la organización y los resultados de las auditorías previas;

b) definir los criterios de la auditoría y el alcance para cada auditoría;

c) seleccionar los auditores y llevar a cabo auditorías para asegurarse de la objetividad y la imparcialidad del proceso de auditoría;

e) asegurarse de que los resultados de las auditorías se informen a la dirección pertinente;

f) realizar las correcciones y tomar las acciones correctivas adecuadas sin demora injustificada;

g) conservar información documentada como evidencia de la implementación del programa de auditoría y de los resultados de las auditorías.

4.2 Mejora continua

Además de ser un requisito que hay que cumplir, la auditoría interna es una herramienta de mejora continua del sistema de gestión de una organización.

Por un lado, la auditoría interna evalúa:

- El cumplimiento por parte de la organización de los requisitos establecidos por la norma que rige el sistema de gestión objeto de la auditoría.

- El cumplimiento de los requisitos reglamentarios que apliquen.

- El cumplimiento de los requisitos de las partes interesadas incluidos los clientes.

- El cumplimiento de los requisitos internos adoptados por la organización.

Pero además de evaluar el cumplimiento por parte de la organización de los requisitos que apliquen, también permite determinar oportunidades de mejora en la forma de gestionar el sistema de gestión auditado. Por ello, el informe final de auditoría interna incluye un apartado sobre las oportunidades de mejora detectadas durante la realización de la auditoría.

Es precisamente la identificación y comunicación de las oportunidades de mejora lo que añade valor a la auditoría interna.

4.3 Planificación

La planificación de las auditorías internas de una organización se concretiza en la elaboración de un *Programa de auditorías internas*. En dicho programa se indica las auditorías internas que se realizarán anualmente así como su alcance y fechas de realización.

La planificación de cada auditoría interna, establecida en el *Programa de auditorías internas*, se materializa en la elaboración de un *Plan de auditoría interna*.

En términos generales, la planificación de una auditoría interna no difiere de la planificación de cualquier otro tipo de auditoría. Pero lo que le hace "especial" es que puede acotarse su alcance para profundizar en determinadas áreas funcionales o determinados procesos. Por ello, es de especial importancia que el auditor que vaya a realizar la auditoría interna prepare con antelación la auditoría.

4.4 Realización

La realización de una auditoría interna sigue los mismos principios y tiene los mismos requisitos que cualquier auditoría. No obstante, su realización es más sencilla que una auditoría externa cuando el auditor pertenece a la organización auditada.

En general, en una auditoría interna:

a) El auditor interno tiene un mejor conocimiento de la organización auditada.

b) Suele llevarse a cabo parcialmente por departamentos o unidades organizativas.

c) La reunión inicial y final puede no ser necesaria porque el personal conoce perfectamente la sistemática. Así mismo, la reunión final queda reducida a un simple repaso de los resultados.

d) Se incide en la necesidad de determinar las causas de las no conformidades para prevenir su repetición en el futuro.

e) La información documentada generada durante la auditoría es menos compleja.

Las actividades llevadas a cabo durante una auditoría interna puede agruparse en las siguientes etapas:

1. Planificar y aprobar el Programa de auditorías internas.

2. Identificar y evaluar los riesgos del Programa de auditorías Internas.

Auditoría de sistemas de gestión

3. Seleccionar a los integrantes del equipo auditor.

4. Elaborar y aprobar el Plan de auditoría.

5. Preparar la auditoría.

6. Realizar la auditoría.

7. Elaborar y distribuir el informe de auditoría.

8. Seguir y verificar la implementación de las correcciones, acciones correctivas, u oportunidades para la mejora necesarias en base a los hallazgos de la auditoría.

La auditoría interna puede realizarla tanto un auditor interno perteneciente a la organización a auditar como por un auditor externo perteneciente a una entidad auditora.

En la realización de una auditoría interna, el auditor interno no puede auditar el área funcional (departamento) a la que pertenece. Es decir, un auditor del departamento de Calidad no puede auditar roles y responsabilidades pertenecientes al departamento de Calidad. Por ello, para asegurar la necesaria independencia del auditor es preferible que las auditorías internas las realice un auditor externo.

Auditoría de sistemas de gestión

5 Comunicación

El auditor debe conocer las técnicas utilizadas para una adecuada comunicación porque mediante la misma obtendrá la información del auditado.

La comunicación implica una transmisión de información entre el comunicante y el receptor de la información, los cuales van a funcionar en un círculo cerrado, a veces, indefinido. La retroalimentación entre el emisor y el receptor se realiza de forma gestual y por lo tanto inconsciente.

La entrevista con el auditado, aspecto fundamental en el desarrollo de la auditoría, es un proceso de comunicación entre el auditor (emisor) y el entrevistado (receptor).

Para un adecuado desarrollo de la entrevista con el auditado se deben tener en cuenta cuatro aspectos básicos:

a) El lenguaje oral.

b) El lenguaje gestual.

c) La imagen.

d) Las preguntas.

5.1 El lenguaje oral

El auditor debe jugar con la intensidad y el tono de su voz, para dar mayor o menor énfasis a las palabras que está utilizando, de acuerdo con la importancia de lo que está diciendo, pero sin incurrir en el vicio de la exageración, que puede hacerle caer en la ampulosidad y la grandilocuencia, desaprovechando su efecto. Con el énfasis sólo buscamos la atención del entrevistado en determinados aspectos.

5.2 El lenguaje gestual

Al hablar no sólo es importante lo que decimos, sino la forma en que lo decimos. El lenguaje corporal es fundamental dentro del desarrollo de la comunicación, ya que en el proceso de comunicación participa la persona entera.

El lenguaje corporal es uno de los más importantes, y, sin embargo, el menos considerado, ya que al actuar en la mayoría de los casos de forma subliminal, no nos damos cuenta de los errores y aciertos del mismo. Esto hace que sea un lenguaje difícil de aprender y dominar. Aunque lo utilizamos desde nuestro nacimiento, en muchos casos es tan desconocido como cualquier lengua extranjera. El auditor, al conocer el lenguaje de los gestos, podrá no sólo utilizarlo, sino también, interpretar qué es lo que le está transmitiendo el entrevistado.

El gesto puede en muchos casos suplir a las palabras. Somos capaces de entender una película muda, si bien, el gesto adquiere fuerza cuando se utiliza simultáneamente con el lenguaje oral. Los gestos pueden ser intencionados o no. Los primeros los podemos utilizar en determinados momentos, aunque no debemos planificarlos, no estamos interpretando el papel de una película, y, por lo tanto, resultarían forzados.

El auditor debe utilizar gestos espontáneos pero teniendo en cuenta los siguientes consejos:

a) La gesticulación natural se mueve entre la cintura y los hombros.

b) No utilice gestos cuando esté tenso, la tensión de los músculos hará que éstos parezcan torpes y como a trompicones.

c) El gesto enérgico y preciso refleja convicción.

d) Existen gestos grotescos (mover un lápiz entre las manos, morderlo, tamborilear con los dedos, etc.) que transmiten nerviosismo.

e) Tener las manos en los bolsillos transmite desinterés y descortesía.

f) Rascarse cualquier parte del cuerpo refleja mala educación y transmite señal de desaseo.

g) Alzar o encoger los hombros, alargando o abreviando el cuello, transmite extrañeza, interrogación o desaliento.

h) Echar la cabeza hacia atrás refleja incredulidad y rechazo.

Auditoría de sistemas de gestión

i) Adelantar el cuerpo refleja interés en intervenir.

j) Retrasar el cuerpo transmite desinterés y rechazo.

k) Cruzar los brazos indica resignación.

l) Puños cerrados reflejan ira, ataque o acusación.

m) Manos en la cadera reflejan desafío e indignación.

n) Frotarse las manos transmite complacencia.

Dentro de los gestos podemos destacar los faciales o mímicos. La expresión refleja nuestro estado de ánimo, transmitiendo a nuestro entrevistado cómo estamos interpretando su información, pudiendo ir modificando su discurso sobre la base de nuestra expresión. Igualmente la expresión del entrevistado nos denotará su preocupación, firmeza de lo que nos dice, etc.

La mímica es uno de los gestos más controlables, si bien es preciso darse cuenta de que los estamos utilizando para reprimirlos. Al contrario que un actor de teatro, los cuales refuerzan su interpretación a través de los gestos, el auditor debe esconder sus gestos, ocultando la interpretación que está dando a lo que percibe, pero aprovechar las señales que le envía su interlocutor, ya que, intuitivamente, se suelen interpretar de forma correcta.

Entre los <u>gestos mímicos más importantes</u> podemos destacar:

a) Mirar a los ojos al interlocutor denota interés.

b) Una sonrisa, o dejar caer la cabeza un poco hacia un lado, crea un ambiente de confianza.

c) Una cara de pocos amigos genera miradas hurañas y respuestas esquivas.

d) La risa resulta contagiosa.

e) Mirar continuamente a los altos cargos de la organización en las reuniones refuerza jerarquías y esto molesta a los inferiores.

f) Mirar continuamente los papeles denota inseguridad.

g) Arrugar la frente indica indignación.

h) Alzar las cejas transmite incredulidad y arrogancia.

i) Mover las pestañas es consecuencia de nerviosismo.

j) Abrir la boca indica asombro.

k) Apretar los labios es consecuencia de ira contenida.

Por último, cuando un gesto se convierte en habitual y descontrolado, nos encontramos ante un «tic» que debe ser evitado, aunque esto suele resultar difícil, el auditor debe intentar controlarlo lo más posible.

5.3 La imagen

Cuando llegamos a una organización, lo primero que se observa es nuestra imagen, de ahí la necesidad de cuidarla adecuadamente, esto no quiere decir que debamos estereotiparla con la idea del traje o vestimenta excesivamente formal y conservadora. Nos referimos a una imagen adecuada, aseada, pulcra, cuidada, etc.

La imagen del auditor no sólo está relacionada con su vestimenta. La forma de llegar a la organización, de transportar sus papeles es importante. Presentarse con los papeles revueltos debajo del brazo va a transmitir una cierta idea de desorden que pondrá en entredicho la profesionalidad del auditor.

Igualmente, si la documentación de la organización aparece desordenada, arrugada y maltratada, daremos una sensación de despreocupación ante documentos que para la organización son muy importantes.

5.4 Las preguntas

En el desarrollo de su trabajo el auditor realiza numerosas preguntas para obtener información, pero no basta con hacer preguntas sobre aquello que el auditor desea examinar, es necesario formularlas de forma adecuada para obtener respuestas satisfactorias.

Existe una serie de técnicas, basadas en distintos tipos de preguntas, que permiten realizar este proceso de forma más fácil, cómoda y rápida.

5.4.1 Tipos de preguntas

Tipos de preguntas en una auditoría:

a) **Preguntas abiertas**.

Una pregunta abierta es aquella que permite un amplio abanico de respuestas, en general busca una explicación sobre cómo se desarrolla algún tipo de acción.

¿Cuál es la política de prevención de la organización?

¿Cómo se coordina la prevención con los contratistas?

¿Cómo se lleva a cabo la vigilancia de la salud?

Son utilizadas para obtener una información global sobre un tema, pues permiten al entrevistado desarrollar su respuesta, pudiendo el auditor, en función de la misma, detectar posibles interpretaciones y desviaciones del sistema, dirigiendo las posteriores preguntas.

b) **Preguntas cerradas**.

Ante estas preguntas el auditado tiene un número limitado de opciones para responder, no permitiéndole ningún tipo de explicación, en muchos casos sólo podrá afirmar o negar. Son un ejemplo:

¿Han realizado la evaluación de riesgos? (la respuesta es sí o no).

¿Qué método han utilizado para la evaluación de riesgos? (la respuesta es el método).

¿Realizan reconocimientos específicos para los trabajadores expuestos a plomo metálico? (la respuesta es sí o no).

En general, son utilizadas para obtener una información concreta, ante una suposición del auditor. No deben ser utilizadas con exceso, pues transmite una sensación inquisitorial ya que suelen poner al auditado entre la espada y la pared.

Es importante destacar que cuando el entrevistado responde con una explicación a una pregunta cerrada, es porque piensa que la respuesta cerrada no va a ser correcta.

c) **Preguntas de precisión**.

Son aquellas preguntas que permitiendo una cierta amplitud de respuestas, su abanico es mucho más cerrado que en las preguntas abiertas. El auditor las utiliza para ir centrando el tema sobre el que está investigando, por lo que forman el grupo más importante del razonamiento del auditor.

Una vez hecho el reconocimiento, ¿quiénes lo analizan? (la respuesta es el flujo de revisión).

¿Qué se hace con los informes de revisión de los equipos? (la respuesta es lo que se hace).

Los registros de formación, ¿cómo se archivan? (la respuesta es la sistemática de archivo).

Estas preguntas se utilizan de forman sistemática, encadenándolas unas con otras. En muchos casos se pueden limitar a: ¿Qué ocurre después? ¿Y luego, qué se hace?

d) **Preguntas silenciosas**.

Durante una entrevista el silencio es un arma poderosa. Cuando el auditor, ante una respuesta, permanece callado, el auditado entiende que se espera una mejor explicación o respuesta que la dada, procediendo a dar una mayor información sin que el auditor se lo solicite.

Un entrevistado no es capaz de aguantar más de 12 segundos sin que le realicen una nueva pregunta. Los silencios generalmente generan una información complementaria que podía no haber aparecido. Usarlos no es fácil, manejados de forma poco espontánea pueden dar la sensación de que el auditor está perdido, por lo que no se debe abusar de ellos.

e) **Preguntas de opinión**.

Las preguntas de opinión son aquellas que solicitan un punto de vista, generalmente una opinión personal, de tal manera que no se condicione la repuesta del auditado. Por ejemplo:

¿Qué le parece el método elegido por la organización para la evaluación de riesgos? ¿ Cree que tienen un índice alto de siniestralidad?

No aportan ningún tipo de información, lo que puede generar opiniones personales de crítica a la propia actuación de la organización, lo cual no proporciona valor a la auditoría, pues, aun siendo correcta la opinión, no es una evidencia objetiva.

f) **Preguntas engañosas**.

Pretenden sonsacar al entrevistado información que normalmente no aportaría. Por ejemplo: ¿Cuando el director pasea por la planta, seguramente no lleva zapatos de seguridad? (implica que el director no los lleva).

¿Qué hacen con los trabajadores que no utilizan la protección auditiva? (implica que no la utilizan).

¿Los accidentes sin importancia no los registrarán? (implica que no se registran).

No deben ser utilizadas, ya que transmiten una opinión del auditado que, de forma capciosa, pretende sonsacar información que el auditor intuye, pero no es capaz de localizar.

g) **Preguntas hipotéticas**.

En algunos casos el auditor no encuentra evidencias de una actuación ya que nunca se ha dado, tendiendo a hacer preguntas hipotéticas. Por ejemplo:

¿Qué ocurriría en caso de incendio, si no hay agua?

¿Si un trabajador presenta niveles altos de hemoglobina, cómo actuarían?

El uso de estas preguntas es difícil. En muchos casos el auditor pregunta sobre situaciones excesivamente hipotéticas. En otros, el auditado le podría responder «eso nunca sucederá» y el auditor tendrá que asumirlo. Sin embargo, en determinados momentos, adecuadamente formuladas, pueden ser muy útiles. Su respuesta indica al auditor si determinados casos, aun no habiendo ocurrido, han sido previstos en el diseño del sistema. El auditor debe conocer los riesgos que asume cuando las utiliza, no debiendo abusar de ellas.

5.4.2 Cómo preguntar

Vistas las preguntas que el auditor puede utilizar, es preciso analizar el proceso mediante el cual, a través de las preguntas, el auditor llega a una conclusión. La técnica utilizada es el uso de preguntas en embudo, cuya misión es ir centrando el tema hasta alcanzar conclusiones suficientes.

Los pasos a dar para formular preguntas son:

1. Antes de iniciar las preguntas, el auditor debe centrar al entrevistado, con el fin de que entienda el porqué de las mismas:

Necesito conocer cómo se lleva a cabo la formación de los trabajadores, por lo que voy a realizarle una serie de preguntas relacionadas con la formación.

Para conocer cómo llevan a cabo en la organización la vigilancia de la salud tengo que analizar una serie de cuestiones. Le voy a realizar una serie de preguntas al respecto.

Auditoría de sistemas de gestión

2. Se comienza con preguntas abiertas que nos permitan obtener una información generalizada de la sistemática de actuación.

   ¿Cómo se desarrollan las actividades formativas?

   ¿Cómo llevan a cabo la vigilancia de la salud?

3. Se va concretando la información a través de preguntas sistemáticas que nos permitan alcanzar el objetivo perseguido, utilizando preguntas abiertas de precisión.

   ¿Cómo se detectan las necesidades deformación de un trabajador específico?

   ¿Qué formación se da a los trabajadores de nuevo ingreso?

   ¿Cómo se define el reconocimiento médico de cada trabajador?

   ¿Cuáles son los criterios utilizados para la certificación de la aptitud de un trabajador?

4. Una vez centrado el tema, se procede a realizar preguntas cerradas que fijen definitivamente la información.

   ¿Existe un procedimiento para fijar las necesidades de formación de cada puesto de trabajo?

   ¿Existen protocolos para la realización de los reconocimientos médicos?

5. Se termina con una pregunta cerrada de opinión que confirme la información que ha obtenido el auditor. Permitiendo que el auditado aclare alguna cuestión que considere no ha interpretado bien el auditor.

¿Estoy en lo cierto al afirmar que los reconocimientos médicos son realizados sin protocolos definidos y adecuadamente documentados?

Este proceso lógico utiliza una vía deductiva que va de lo genérico a lo concreto, si bien en algunos momentos el auditor tendrá que utilizar el proceso contrario, inductivo o ascendente, que va de lo concreto a lo genérico. Esto ocurrirá cuando el auditor, generalmente como consecuencia de la revisión de un registro, detecte algún tipo de discrepancia que le haga intuir un fallo del sistema, por lo que tendrá que analizar todo el proceso que genera dicho registro.

Tanto el proceso deductivo como el inductivo tienen su sistemática de realización, pero el auditor no debe ser rígido e inflexible en su uso. Se deben aceptar desviaciones temporales, bien para relajar la tensión de la entrevista o cuando el entrevistado se ha perdido y es preciso replantear el aspecto analizado. Igualmente, es conveniente establecer una pequeña pausa entre cada tema, lo cual nos permite relajarnos, aliviar tensiones y comenzar más tranquilamente las cuestiones del siguiente punto a analizar.

Vemos que existen diversos tipos de preguntas, cada una de ellas más o menos adecuada en cada caso. El auditor debe aprender a utilizarlas adecuadamente, sin olvidar que hasta los mejores, de vez en cuando, se equivocan.

5.5 Solicitud de la información documentada

En muchos casos la información no procede de una respuesta, sino de una prueba objetiva: documentos y registros, su solicitud debe ser llevada a cabo de una forma correcta, y no como una exigencia.

Me gustaría ver los certificados deformación de los trabajadores designados. Necesitaría examinar los partes de accidente de trabajo de los últimos cinco años.

Necesitaría revisar los certificados de inspección periódica de los equipos sometidos a reglamentación de seguridad industrial.

Se debe ser especialmente cuidadoso cuando se requiere la elección de los registros, no transmitiendo una sensación de desconfianza. El auditado debe entender que el muestreo es algo lógico y normal dentro del proceso de auditoría.

5.6 Saber escuchar

La comunicación se genera en un bucle cerrado entre el entrevistador y el entrevistado, quedando la comunicación rota si no se cierra. El auditor debe prestar atención a lo que se oye y no simplemente limitarse a «oír».

Hemos visto la forma de hacer las preguntas, pero es importante tener en cuenta la actuación, aparentemente pasiva, que las acompaña: escuchar la respuesta; algo poco habitual en muchos auditores.

El proceso de escuchar incluye el análisis de las respuestas y su correspondiente procesamiento. Si no procesamos bien una respuesta, generalmente, la siguiente pregunta será errónea, pues será consecuencia de un razonamiento incorrecto.

En general, el auditor debe tener en cuenta lo siguiente:

a) No atosigar al auditado con una batería de preguntas.

b) Darle un cierto tiempo para responder, en muchos casos tendrá que procesar la pregunta.

c) No anticipar la respuesta.

d) Replantear las preguntas cuando el auditado no las comprenda.

5.7 El entorno

Para que se establezca el adecuado proceso de comunicación, tanto el auditor como el auditado necesitan entenderse adecuadamente, prestarse la debida atención y no sentirse apremiados por circunstancias extemas a la entrevista, por lo que el auditor deberá tener en cuenta los siguientes aspectos:

a) No realizar la entrevista en ambientes ruidosos en los que sea difícil oírse. Las entrevistas suelen realizarse en la propia fábrica, lo que exige elevar el tono de voz, y por consiguiente se hace muy incómoda la comunicación, por lo que tiende a hacerse rápida y desordenada, en consecuencia mal.

b) No se entrevistará a trabajadores, operarios, responsables, etc., que estén pendientes del proceso de trabajo que controlan, no pudiendo dedicar la debida atención a la entrevista.

c) Cuando se entrevista a un operario durante su trabajo, es conveniente que deje de realizar las operaciones que realiza. Igualmente, con los directivos o mando de la organización, es importante realizar la entrevista fuera de su despacho; desarrollar una entrevista continuamente interrumpida por el teléfono, subordinados, etc., genera una gran incomodidad para el entrevistado y mucho mayor para el auditor.

d) Las respuestas de los subordinados cuando sus superiores están presentes introduce una serie de sesgos que enmascaran ciertas situaciones. Evitar la presencia de los superiores suele ser difícil, en estos casos, el auditor debe analizar el porqué de algunas respuestas, intentando deducir el sesgo introducido.

6 Competencia

La confianza en el proceso de auditoría y la capacidad de lograr sus objetivos depende de la competencia de aquellas personas que participen en la realización de las auditorías, incluyendo los auditores y líderes de equipos auditores.

Competencia es la capacidad para aplicar conocimientos y habilidades con el fin de lograr los resultados previstos.

La competencia se determina en función de:

a) Comportamiento profesional personal.

b) Conocimientos y habilidades adquiridos mediante la educación, la experiencia laboral, la formación como auditor y la experiencia en auditorías

6.1 Comportamiento profesional personal

Los auditores deberán poseer los atributos necesarios que les permitan actuar de acuerdo con los principios de la auditoría.

Auditoría de sistemas de gestión

Comportamiento profesional personal deseado:

- **Ético**. Es decir, imparcial, sincero, honesto y discreto.

- **Mentalidad abierta**. Es decir, dispuesto a considerar ideas o puntos de vista alternativos.

- **Diplomático**. Es decir, con tacto en las relaciones con las personas.

- **Observador**. Es decir, activamente consciente del entorno físico y las actividades.

- **Perceptivo**. Es decir, consciente y capaz de entender las situaciones.

- **Versátil**. Es decir, capaz de adaptarse fácilmente a diferentes situaciones.

- **Tenaz**. Es decir, persistente y orientado hacia el logro de los objetivos.

- **Decidido**. Es decir, capaz de alcanzar conclusiones oportunas basadas en el análisis y el razonamiento lógico.

- **Seguro de sí mismo**. Es decir, capaz de actuar y funcionar independientemente a la vez que interactúa eficazmente con otros.

- **Capaz de actuar con firmeza**. Es decir, capaz de actuar de manera responsable y ética, aunque estas acciones puedan no ser siempre populares y en alguna ocasión puedan causar desacuerdos o alguna confrontación.

- **Abierto a la mejora**. Es decir, dispuesto a aprender de las situaciones.

- **Abierto a las diferencias culturales**. Es decir, observador y respetuoso con la cultura del auditado.

- **Colaborador**. Es decir, que interactúa eficazmente con los demás, incluyendo los miembros del equipo auditor y el personal del auditado.

6.2 Conocimientos y habilidades

Los auditores deberían poseer:

a) Los conocimientos y las habilidades necesarios para lograr los resultados previstos de las auditorías que se espera que lleven a cabo.

b) Competencia genérica o transversal necesaria para realizar cualquier tipo de auditoría.

c) Competencia específica o técnica de la disciplina y el sector auditados. La competencia específica es la necesaria además de la genérica para llevar a acabo una auditoría en concreto.

El auditor deberá tener tanto competencia genérica o transversal como competencia específica o técnica.

El líder del equipo auditor además de la competencia genérica y específica de cualquier auditor debería tener los conocimientos y habilidades adicionales necesarios para dirigir al equipo auditor.

6.2.1 Competencia genérica de los auditores

Los auditores deberían tener conocimientos y habilidades en las áreas señaladas a continuación:

a) **Los principios, procesos y métodos de auditoría**. Los conocimientos y habilidades en esta área permiten al auditor asegurarse de que las auditorías se realizan de manera coherente y sistemática.

b) **Las normas de sistemas de gestión y otras referencias**. Los conocimientos y habilidades en esta área permiten al auditor comprender el alcance de la auditoría y aplicar los criterios de auditoría.

c) **La organización y su contexto**. Los conocimientos y habilidades en esta área permiten al auditor comprender la estructura, el propósito y las prácticas de gestión del auditado.

d) **Los requisitos legales y reglamentarios aplicables y otros requisitos**. Los conocimientos y las habilidades en esta área permiten al auditor ser consciente de los requisitos de la organización y trabajar de acuerdo con ellos.

6.2.2 Competencia específica de los auditores

Los equipos auditores deberían tener la competencia colectiva apropiada en la disciplina y en el sector específico para auditar los tipos particulares de sistemas de gestión y sectores.

Auditoría de sistemas de gestión

No es necesario que cada auditor en el equipo auditor tenga la misma competencia. Sin embargo, la competencia global del equipo auditor necesita ser suficiente para lograr los objetivos de la auditoría.

La competencia de los auditores en la disciplina y en el sector específicos incluye lo siguiente:

a) Conocimiento de los requisitos y principios del sistema de gestión, y su aplicación.

b) Conocimiento de los fundamentos de las disciplinas y sectores relacionados con las normas de sistemas de gestión aplicados por el auditado.

c) La aplicación de métodos, técnicas, procesos y prácticas específicos de la disciplina y el sector, para permitir al equipo auditor evaluar la conformidad dentro del alcance de la auditoría definido y generar los hallazgos y conclusiones apropiados de la auditoría.

d) Conocimiento de los principios, los métodos y las técnicas pertinentes para la disciplina y el sector, tales que el auditor pueda determinar y evaluar los riesgos y oportunidades asociados con los objetivos de la auditoría.

e) Conocimiento de las interacciones y sinergias entre los distintos sistemas de gestión.

6.2.3 Competencia genérica del líder de un equipo auditor

El líder del equipo auditor deberá tener la competencia para:

a) Planificar la auditoría y asignar tareas de auditoría de acuerdo con la competencia específica de los miembros individuales del equipo auditor.

b) Discutir las cuestiones estratégicas con la alta dirección del auditado para determinar si han considerado estas cuestiones al evaluar los riesgos y oportunidades.

c) Desarrollar y mantener una relación de trabajo colaborativa entre los miembros del equipo auditor.

d) Gestionar el proceso de auditoría.

e) Representar al equipo auditor en las comunicaciones con las personas responsables de la gestión del programa de auditoría, el cliente de la auditoría y el auditado.

f) Liderar el equipo auditor para alcanzar las conclusiones de la auditoría.

g) Preparar y completar el informe de la auditoría.

h) Conocer los requisitos de cada una de las normas de sistemas de gestión que se auditan y reconocer los límites de su competencia en cada una de las disciplinas.

6.3 Obtención de la competencia del auditor

La competencia del auditor puede obtenerse usando una combinación de lo siguiente:

a) Completando exitosamente los programas de formación que cubren los conocimientos y habilidades genéricos de un auditor.

b) Experiencia en una función técnica, de dirección o profesional pertinente que involucre el ejercicio de juicio, la toma de decisiones, la solución de problemas y la comunicación con miembros de la dirección, profesionales, pares, clientes y otras partes interesadas pertinentes.

c) Educación/formación y experiencia en una disciplina y sector de sistemas de gestión específicos que contribuye al desarrollo de la competencia global.

d) Experiencia en auditorías adquirida bajo la supervisión de un auditor competente en la misma disciplina.

6.4 Obtención de la competencia del líder del equipo auditor

La experiencia adicional requerida en un líder del equipo auditor deberá haberse adquirido trabajando bajo la dirección y orientación de un líder de equipo auditor diferente.

6.5 Evaluación de la competencia del auditor

La competencia del auditor se determina utilizando tanto criterios cualitativos (por ejemplo, haber demostrado el comportamiento deseado, los conocimientos o el desempeño de las habilidades, en la formación o en el lugar de trabajo) como cuantitativos (por ejemplo, los años de experiencia laboral y de educación, el número de auditorías realizadas, las horas de formación en auditoría).

La evaluación de los auditores y del auditor líder de los equipos auditores se planifica, implementa y registra de acuerdo con los procedimientos del programa de auditoría para proporcionar un resultado que sea objetivo, coherente, justo y fiable.

El proceso de evaluación identifica las necesidades de formación y de mejora de otras habilidades de los auditores.

6.5.1 Proceso de evaluación

El proceso de evaluación comprende cuatro pasos principales.

1. **Paso 1. Identificar las cualidades y atributos personales y los conocimientos y habilidades para satisfacer las necesidades del programa de auditoría.**

    Para decidir los niveles de conocimientos y habilidades adecuados debería considerarse lo siguiente:

    - el tamaño, naturaleza y complejidad de la organización que va a auditarse.

Auditoría de sistemas de gestión

- los objetivos y amplitud del programa de auditoría.
- los requisitos de certificación/registro y acreditación.
- la función del proceso de auditoría en la gestión de la organización que va a auditarse.
- el nivel de confianza requerido en el programa de auditoría.
- la complejidad del sistema de gestión que va a auditarse.

2. **Paso 2. Establecer los criterios de evaluación.**

   Los criterios pueden ser cuantitativos (tales como los años de experiencia laboral y de educación, el número de auditorías realizadas, las horas de formación en auditoría), o cualitativos (tales como tener atributos personales, conocimientos o desempeño de habilidades demostrados, en la formación o en el lugar de trabajo).

3. **Paso 3. Seleccionar el método de evaluación adecuado.**

   La evaluación debería ser llevada a cabo por una persona o por un panel utilizando uno o varios métodos.

   seleccionados de entre los indicados en los métodos de evaluación Al utilizar la tabla 2, se debería tener en cuenta lo siguiente:

   - los métodos señalados representan una variedad de opciones que pueden no ser aplicables en todas las situaciones.
   - los diversos métodos señalados pueden diferir en su fiabilidad.

- normalmente, debería utilizarse una combinación de métodos para asegurar un resultado objetivo, coherente, imparcial y fiable.

4. **Paso 4. Realizar la evaluación**

   En este paso, la información recopilada de la persona se compara frente a los criterios establecidos en el paso 2.

   Cuando una persona no cumpla los criterios, se requerirá formación, experiencia laboral y/o experiencia en auditoría adicionales, después de lo cual debería realizarse una nueva evaluación.

6.5.2 Métodos de evaluación

Métodos de evaluación de la competencia del auditor:

a) Revisión de registros para verificar los antecedentes del auditor.

b) Retroalimentación basada en referencias.

c) Entrevista personal.

d) Observación del desempeño del auditor en una auditoría real.

e) Test oral y/o escrito.

La información recopilada sobre el auditor bajo evaluación debería compararse con los criterios de competencia establecidos previamente.

Auditoría de sistemas de gestión

Cuando un auditor bajo evaluación del que se espera que participe en un programa de auditoría no cumple los criterios, entonces debería adquirir formación adicional, experiencia laboral o experiencia en auditorías, y debería realizarse posteriormente una nueva evaluación.

6.5.3 Niveles de educación, experiencia laboral, formación como auditor y experiencia como auditor

La organización auditora debería establecer los niveles de educación, experiencia laboral, formación como auditor y experiencia como auditor que un auditor necesita para lograr los conocimientos y habilidades adecuados para el programa de auditoría.

La experiencia ha mostrado que los niveles que se dan en la siguiente tabla son los adecuados para auditores que realizan auditorías de certificación o similares. Dependiendo del programa de auditoría, pueden ser apropiados niveles superiores o inferiores.

Auditoría de sistemas de gestión

Parámetro	Auditor	Líder del equipo auditor
Educación	Educación secundaria	Educación secundaria
Experiencia laboral total	5 años	5 años
Experiencia laboral en la gestión de un sistema de gestión	Al menos 2 de los 5 años	Al menos 2 de los 5 años
Formación como auditor	40 h de formación en auditoría	40 h de formación en auditoría
Experiencia en auditorías	Cuatro auditorías completas con un total de al menos 20 días de experiencia en auditoría como auditor en formación, bajo la dirección y orientación de un auditor competente como líder del equipo auditor. Las auditorías deberían realizarse dentro de los 3 últimos años consecutivos.	Tres auditorías completas con un total de al menos 15 días de experiencia en auditoría actuando como líder del equipo auditor, bajo la dirección y orientación de un auditor competente como líder del equipo auditor. Las auditorías deberían realizarse dentro de los 2 últimos años consecutivos.

La educación secundaria es aquella parte del sistema de educación nacional que comienza después del grado primario o elemental, y que se completa antes del ingreso a la universidad o a una institución educativa similar.

El número de años de experiencia laboral podría reducirse en un año si la persona ha completado una educación apropiada posterior a la secundaria.

6.6 Mantenimiento y mejora de la competencia del auditor

Los auditores deberán mantener y mejorar su competencia en auditoría a través de la participación regular en auditorías de sistemas de gestión y del desarrollo profesional continuo.

El desarrollo profesional continuo puede conseguirse a través de medios como experiencia laboral adicional, formación, auto estudio, tutorías, asistencia a reuniones, seminarios y conferencias u otras actividades pertinentes.

Las personas responsables de la gestión del programa de auditoría deberán establecer los mecanismos adecuados para la evaluación continua del desempeño de los auditores, y de los líderes de equipos auditores.

Auditoría de sistemas de gestión

7 Gestión de los conflictos y las quejas

7.1 Conflictos

El **conflicto** es una situación de confrontación de dos o más protagonistas, entre los cuales existe un antagonismo motivado por una confrontación de intereses.

En el entorno de trabajo la aparición de conflictos entre las personas es algo normal.

En general, el conflicto tiene lugar por diferencias entre dos o más partes respecto a intereses, actitudes u opiniones acerca de un tema o situación determinada.

La gestión de conflictos no pretende encontrar una solución al problema concreto, sino que consiste más bien en aportar estrategias y métodos que ayuden a las partes en conflicto a establecer una comunicación constructiva para llegar juntas a una solución al problema.

Auditoría de sistemas de gestión

La gestión de conflictos implica disponer de un plan de actuación para que los conflictos que surjan en las organizaciones tengan una respuesta rápida y efectiva y, así, poder evitar que una discusión sin importancia se acabe convirtiendo en un problema más serio.

La gestión de conflictos es una actividad diferente a la resolución de conflictos.

La gestión de conflictos solo puede darse en aquellas situaciones en las que existe la posibilidad de negociación.

La resolución de conflictos tiene lugar a través de la mediación cuando no es posible la negociación.

Existen dos <u>modelos para gestionar conflictos</u>:

- El modelo CCST
- El método Harvard.

Ambos modelos comparten la necesidad de celebrar una reunión entre las partes en conflicto y un mediador con la finalidad de aclarar el origen del conflicto.

Para que sea efectiva la reunión para aclarar el conflicto es necesarios cumplir los siguientes requisitos:

a) **Objetividad**. Las emociones suelen contribuir a que el conflicto se haga más grande. Por esta razón, la conversación no debe apartarse del plano material. Los ataques personales están totalmente fuera de lugar.

b) **Respeto**. Incluso cuando se produce una disputa, es necesario tratar a los demás con respeto. Esto significa dejar que la otra parte tome la palabra.

c) **Disposición para ceder**. Cualquiera que tome parte en una discusión sin tener disposición para entender a la otra parte bloqueará cualquier posible solución al conflicto. Para poder resolver un conflicto, es necesario apreciar los aspectos compartidos y trabajar a partir de ahí.

7.1.1 Modelo CCST

El modelo CCST es un acrónimo de Clarificación, Causas, Soluciones y Transferencia. Estos términos describen las fases individuales que se recorren en una reunión para aclarar un conflicto según este modelo concreto.

Clarificación. Antes de poder resolver un conflicto, es necesario aclarar qué ha pasado exactamente. Ante una red de conflictos en la que intervienen varios factores, esta fase se ocupa de determinar el orden en que dichos factores tienen que ser tratados.

Causas. El problema se analiza para identificar las causas del conflicto. Este paso puede llevar un tiempo determinado y, a veces, es necesario contar con la ayuda de otras personas. En esta fase, los participantes intentan desvelar las causas del conflicto de la forma más objetiva posible.

Soluciones. Cuando se cuenta con todas las causas del conflicto, ha llegado el momento de intentar llegar a una solución. Todas las partes deben acordar un plan concreto para solucionar el conflicto.

Transferencia. Finalmente, el plan se pone en marcha. Es importante garantizar que todas las partes trabajen de forma real con la intención de alcanzar los objetivos. En la fase de transferencia, eso sí, pueden surgir nuevos conflictos que pueden llevar al punto de partida. Una vez aplicado el modelo, es necesario tener una reunión recapitulativa con los participantes para garantizar que las mismas causas que generaron el conflicto no generen uno nuevo en el futuro.

7.1.2 Método Harvard

El método Harvard no solo tiene como objetivo conseguir un compromiso de las partes, sino que intenta alcanzar el mejor resultado posible para todos. Su finalidad es facilitar a las partes en conflicto la negociación. No es obligatorio que intervenga un moderador o mediador.

El <u>método Harvard</u> establece las siguientes <u>directrices</u> que deben ser respetadas por las partes en conflicto:

a) Debatir siempre sobre hechos materiales. Es necesario separar a la persona que está defendiendo una posición de los hechos concretos. Las emociones tienen su sitio, pero hay que prestar atención y aprender a separar de forma muy estricta al plano emocional del plano factual.

b) Las partes deben poner en primer plano sus intereses. Para ello, es necesario analizar el conflicto y desglosarlo definiendo las metas reales de ambas partes. Muchas veces esto lleva a descubrir que las partes piensan de forma mucho más parecida de lo que creían.

c) El siguiente paso es estudiar conjuntamente ideas y propuestas para solucionar el conflicto. En principio, los participantes no deben ponerse limitaciones, sino que deben estudiar cada idea y debatirla entre ellos.

Si una de las partes no cumple con estas normas, el método Harvard establece que lo mejor es interrumpir las negociaciones. Por tanto, solo cuando la parte que no está dispuesta a cooperar muestre voluntad para participar en un debate constructivo y razonable, se podrán retomar las negociaciones.

La finalidad del método Harvard es encontrar la mejor alternativa para ambas partes.

Si una de las partes presenta exigencias que no son aceptables, el método Harvard establece que lo mejor es aceptar esas exigencias como hipótesis en vez de rechazarlas directamente. Al tratar las consecuencias de esas exigencias, es posible explicar por qué son inaceptables.

Cuando surgen dudas, el método Harvard aconseja que participe un tercero: un mediador o moderador de conflictos que ayude a garantizar que las conversaciones se están llevando a cabo de forma objetiva.

7.1.3 Mediación

La mediación es un proceso voluntario en el que las partes en conflicto intentan alcanzar por sí mismas un acuerdo con la asistencia de una tercera persona, imparcial y neutral, llamada mediador. Se trata, por tanto, de un modelo de resolución de conflictos pacífico, voluntario, colaborativo y dialogado, pero a la vez, es un proceso formal y estructurado, con sus propias bases, técnicas y herramientas.

El factor decisivo para alcanzar el éxito en la mediación es que las partes en disputa acepten participar en la mediación de forma voluntaria. El mediador se coloca al lado de las partes en conflicto y asume un papel moderador. La finalidad es que sean las propias partes las que encuentren una solución al conflicto.

7.1.3.1 Principios básicos en la mediación

Los principios que rigen este procedimiento son los siguientes:

- **Igualdad** de las partes en el procedimiento. Las partes intervendrán con plena igualdad de oportunidades. El mediador velará por que se respeten las opiniones y puntos de vista de cada parte en conflicto y por el equilibrio entre las distintas posiciones.

- **Imparcialidad**. El mediador no podrá actuar en perjuicio o interés de ninguna de las partes.

- **Neutralidad**. La mediación se desarrollará de forma que facilite a las partes en conflicto alcanzar por sí mismas un acuerdo con la intervención del mediador.

- **Voluntariedad y libre disposición**. La mediación es voluntaria. Nadie está obligado a someterse al procedimiento de mediación, ni a mantenerse en el mismo, ni a concluir un acuerdo. De ahí que se diga que en la mediación "el poder reside en las partes".

- **Confidencialidad**. El procedimiento de mediación y la documentación utilizada en el mismo es confidencial. La obligación de confidencialidad se extiende a la persona mediadora y a las partes intervinientes, de modo que no podrán revelar la información que hubieran podido obtener del procedimiento.

7.1.3.2 Características debe reunir la persona mediadora

El objetivo principal de la persona mediadora es facilitar la comunicación bilateral efectiva, de manera que cada parte exprese su versión de los hechos y conozca la versión de la otra.

Por ello, es necesario que la <u>persona</u> que ejerce de <u>mediadora</u> tenga unas <u>características</u> que, entre otras, son:

a) Inteligencia, empatía, sentido del humor y optimismo.

b) Capacidad de escucha, paciencia y tolerancia.

c) Creatividad, asertividad, capacidad de distanciarse y de no involucrarse.

d) Discreción, capacidad de análisis y objetividad.

e) Capacidad para comunicar, para recoger información y capacidad de síntesis

7.1.3.3 Proceso de mediación

Las fases generales de un procedimiento de mediación son:

1. **Iniciación**.

    Debe establecer la forma en la que este se pone en marcha. La forma habitual es mediante una solicitud dirigida al departamento competente según el protocolo. La solicitud puede ir suscrita de común acuerdo por las partes, o bien por una de las partes en conflicto, indicando en este caso la parte o partes con quien se desea realizar la mediación. En esta solicitud se describirán y detallarán los hechos por los que se desea recurrir a la mediación.

2. **Sesión informativa**.

    Una vez que se reciba la solicitud, el departamento competente designará a un mediador, quien citará a las partes en conflicto para la celebración de la sesión informativa. En esta sesión el mediador informará a las partes de las características y fases de la mediación, así como de las consecuencias del acuerdo que pudieran alcanzar y del día, hora y lugar en que se celebrará la sesión constitutiva, que podrá celebrarse seguidamente si las partes muestran su conformidad.

3. **Sesión constitutiva**.

La sesión constitutiva es el acto que da formalidad al procedimiento de mediación y en el que las partes muestran su conformidad con el mismo.

De la sesión constitutiva debe levantarse un acta en la que se refleja por escrito, entre otras cuestiones, la identificación de las partes, el nombre del mediador/a, el objeto del conflicto que se somete al procedimiento de mediación, el número de sesiones y duración máxima prevista para el desarrollo del procedimiento, la declaración de las partes de que aceptan voluntariamente la mediación, que conocen los principios en los que se inspira y que asumen las obligaciones que de ella se derivan, y el lugar de celebración de las sesiones.

El acta debe ser firmada por las partes en conflicto y por la persona mediadora. Si alguna de las partes mostrara su disconformidad, la persona mediadora debe levantar un acta en la que se declara que la mediación se ha intentado sin efecto.

4. **Sesiones de mediación**.

   Tras la sesión constitutiva el mediador convocará a las partes a las sesiones de mediación que resulten necesarias. El mediador dirigirá las sesiones facilitando la exposición de las posiciones de las partes en conflicto de modo igual y equilibrado. De las sesiones de mediación también se levantarán las correspondientes actas, que deberán firmar las partes intervinientes y la persona mediadora.

5. **Acta final**.

   El procedimiento de mediación puede concluir mediante acuerdo alcanzado por las partes, o finalizar sin acuerdo. El acta final recogerá los acuerdos alcanzados por las partes de forma clara y comprensible, o bien reflejará la finalización del procedimiento sin acuerdo, expresando en este caso las causas por las que no se ha podido alcanzar un acuerdo.

El acuerdo de mediación puede versar sobre una parte o sobre la totalidad de las cuestiones sometidas a la mediación, debiendo informar la persona mediadora a las partes del carácter vinculante del acuerdo alcanzado. En dicho acuerdo debe hacerse constar la identidad de las partes y de la persona que ha intervenido como mediadora, así como las obligaciones que cada parte se obliga a asumir tras finalizar el procedimiento de mediación; también debe constar el lugar, la fecha y la firma de todas las personas intervinientes.

Con el acuerdo de mediación o, por el contrario, con el acta de finalización del procedimiento sin acuerdo, se pone fin al procedimiento de mediación.

7.2 Quejas

Queja es una expresión de insatisfacción hecha a una organización con respecto a sus productos o servicios.

Reclamación es igualmente una expresión de insatisfacción hecha a una organización con respecto a sus productos o servicios pero que pide o pretende algún tipo de compensación.

Los pasos más importantes en la gestión de las quejas son los siguientes:

1. Recepción y descripción de la queja.
2. Descripción de la queja en el formulario correspondiente.
3. Acuso de recibo al cliente.
4. Análisis de la queja e investigación de las causas de la reclamación.
5. Conclusión y elaboración de un informe indicando: las no conformidades detectadas si las hubiere; las acciones de mejora (correctoras y/o preventivas) correspondientes; el responsable para la ejecución de las acciones de mejora así como los plazos de ejecución.

Auditoría de sistemas de gestión

6. Respuesta al cliente.

7. Cerrar la queja, una vez se verifique que las acciones de mejora (correctoras y/o preventivas) han sido llevadas a cabo.

8. El plazo máximo para contestar una queja es de 30 días hábiles desde el momento de la recepción de la reclamación.

8 Anexo

En el anexo se incluyen los formularios necesarios para realizar una auditoría.

Auditoría de sistemas de gestión

Auditoría de sistemas de gestión

8.1 Programa de auditoría

FO-SIG-016001 PROGRAMA ANUAL DE AUDITORÍAS	
Programa de auditorías para el año	**Fecha de elaboración:**
Objetivos globales	
Riesgos	**Oportunidades**
Alcance	**Extensión**
Procedimiento	
Criterios	
Métodos	
Recursos	
Recursos humanos	**Recursos materiales**

Auditoría de sistemas de gestión

FO-SIG-016001 PROGRAMA ANUAL DE AUDITORÍAS			
Calendario			
Auditoría #	Objetivo	Criterios	Fecha
Información documentada			
Vías de comunicación			
Conflictos y quejas			
Elaborado por	Revisado por	Aprobado por	

8.2 Minutas reunión

MINUTAS REUNIÓN

Nombre de la reunión:

Fecha de la reunión: **Hora:**

Lugar de celebración:

Facilitador:

Objetivo:

Convocados (nombre y área funcional):

Asistentes (nombre y área funcional):

Material requerido:

AGENDA		
Asunto	Responsable	Tiempo

Auditoría de sistemas de gestión

MINUTAS		
Asunto	Decisiones	Acciones

CONCLUSIONES

PROGRAMACIÓN PRÓXIMA REUNIÓN

Fecha próxima reunión:

Hora próxima reunión:

Lugar próxima reunión:

Objetivo próxima reunión:

APROBACIONES

Minutas preparadas por (nombre, firma y fecha):

Minutas aprobadas por (Nombre, firma y fecha):

8.3 Plan de auditoría

FO-SIG-016002 PLAN DE AUDITORÍA

IDENTIFICACIÓN

Nombre y título de la auditoría.

Número de la auditoría.

Programa de auditoría.

PLANIFICACIÓN

Objetivos de la auditoría.

Alcance de la auditoría.

Riesgos y oportunidades

Criterios de auditoría.

Métodos de auditoría.

CALENDARIO				
Fecha	Tiempo	Actividad	Auditor	Metodología

Auditoría de sistemas de gestión

Equipo auditor, roles y responsabilidades.

Interlocutores o representantes (guía, observador) de la organización auditada y la asignación de sus funciones.

Expertos técnicos e intérpretes del equipo auditor y la asignación de sus roles.

Información documentada de la organización auditada que es preciso revisarse.

Recursos materiales y humanos necesarios para realizar la auditoría.

Documentos de referencia.

Temas relacionados con la confidencialidad y la seguridad de la información.

Coordinación con otras actividades de auditoría, en el caso de una auditoría conjunta.

Actividades de seguimiento de la auditoría planificada.

Aprobación del plan de auditoría.

8.4 Lista de comprobación

Referencia auditoría										
Alcance de la auditoría										
Criterios de la auditoría										

Requisito #	Cláusula	Requisito	Pregunta de verificación	Cumplimiento	Hallazgo				Evidencia
					No conformidad mayor	No conformidad menor	Oportunidad de mejora	Observaciones	

Auditoría de sistemas de gestión

Auditoría de sistemas de gestión

8.5 Informe final de auditoría

FO-SIG-016006 INFORME FINAL AUDITORÍA INTERNA

AUDITORÍA		
Fecha inicio auditoría	Fecha finalización auditoría	Referencia de la auditoría
Objetivo		
Alcance		
AUDITADO		
Organización auditada	Instalaciones auditadas	
Nombre:	Nombre:	
Dirección:	Dirección:	
Teléfono:	Teléfono:	
Representante:	Representante:	
	Número empleados	Número de turnos
	Participantes en la auditoría	
AUDITOR		
Auditor jefe	Equipo auditor	

Auditoría de sistemas de gestión

RESULTADO		
Resumen de no conformidades		
Totales:	Mayores:	Menores:
Conclusión final		
Observaciones. Puntos débiles del sistema de gestión.		
Mejoras. Recomendaciones.		
APROBACIONES		
Auditor jefe	Representante del auditado	

ACTIVIDADES REALIZADAS DURANTE LA AUDITORÍA
Durante la realización de la auditoría del sistema de gestión de la calidad se llevaron a cabo las siguientes actividades: 1. Reunión de apertura. 2. Visita general de las instalaciones auditadas. 3. Revisión de la información documentada del auditado. 4. Recopilación y verificación de evidencias. 5. Evaluación de las evidencias y registro de los hallazgos. 6. Reunión de cierre con el auditado

Auditoría de sistemas de gestión

Verificación del cierre de las no-conformidades de la auditoria anterior	
No conformidad (descripción, nº, ref. auditoria)	**Estado (cerrada / no cerrada) y comentarios**
Verificado por (nombre, firma y fecha)	

Auditoría de sistemas de gestión

HALLAZGOS				
Referencia	Hallazgo	Evidencias	Normativa incumplida	Clasificación

CONCLUSIONES

PETICIONES DE ACCIONES CORRECTIVAS	
Hallazgo Ref.:	CAR nº:

DISTRIBUCIÓN DEL INFORME FINAL DE AUDITORÍA	
Lista de distribución:	Informe enviado por (nombre, firma y fecha):
Observaciones	
Auditor líder (nombre, firma y fecha)	

9 Glosario

Alcance. Extensión y los límites de una auditoría. Describe las ubicaciones físicas y virtuales, las funciones, las unidades organizativas o áreas de la organización, las actividades y los procesos sujetos a auditoría así como también el tiempo de auditoría.

Arbitraje es propio de los conflictos graves o de aquellos que requieren una solución rápida. Los protagonistas delegan en un tercero, cuya autoridad puede estar ligada a la estructura de la empresa o ser ajena a ella, el diseño de una solución. Suele centrarse en reclamaciones y demandas y es posible que las partes no queden del todo satisfechas.

Auditado es la organización auditada.

Auditor. Persona con la competencia para llevar a cabo una auditoría.

Auditoría. Proceso sistemático, independiente y documentado para obtener evidencias objetivas y evaluarlas de manera objetiva con el fin de determinar el grado en que se cumplen los criterios de la auditoría.

Auditoría combinada. Cuando se auditan juntos dos o más sistemas de gestión de diferentes disciplinas (ej. calidad, ambiental, seguridad y salud ocupacional).

Auditoría conjunta. La realizada por dos o más organizaciones auditoras para auditar a un mismo auditado.

Auditoría de sistemas de gestión

Auditoría de escritorio. Auditoría que generalmente se realiza de forma remota donde el auditor envía al auditado una solicitud de una lista de preguntas e información específica que se enviará a la ubicación del auditor. El auditor revisa la información y redacta su informe de auditoría basándose en la información proporcionada. Hay una pequeña interacción entre el auditor y el auditado en este tipo de auditoría.

Auditoría documental. Auditoría que se realiza previo a la realización de la auditoría in situ, también hace parte de la visita de auditoría en campo, verificando el cumplimiento de requisitos propios del Sistema de Gestión en la documentación objeto de auditoría.

Auditoría extraordinaria. Auditoría que no se encuentra detallada en el Programa de auditorías, pero que es necesario realizar teniendo en cuenta el desempeño del proceso, procedimiento, servicio o requisitos aplicables o necesidades propias del sistema.

Auditoría interna. Auditoría realizada por, o en nombre de, la propia organización para fines internos y que puede constituir la base para la auto-declaración de conformidad de una organización.

Cliente de la auditoría. Organización o persona que solicita una auditoría a la organización auditoría.

Competencia. Capacidad para aplicar conocimientos y habilidades con el fin de lograr los resultados previstos.

Conclusiones de la auditoría. Resultado de una auditoría, tras considerar sus objetivos y todos los hallazgos de la auditoría.

Conformidad. Cumplimiento de un requisito.

Criterios de auditoria. Conjunto de requisitos utilizados como referencia durante la auditoría.

Desempeño es un resultado medible.

Eficacia. Grado en el que se realizan las actividades planificadas y se logran los resultados planificados.

Equipo auditor. Persona o grupo de personas que llevan a cabo una auditoría. El equipo auditor se conformará de acuerdo con la estructura de la auditoría programada y puede incluir auditores, auditores en formación y/o expertos técnicos si los requiere la auditoría. A un auditor del equipo se le designa como líder del mismo.

Experto técnico. Persona que aporta conocimientos o experiencia específicos al equipo auditor pero que no actúa como auditor.

Evidencia de la auditoría. Conjunto de datos (información oral o escrita) verificables pertinente para los criterios de la auditoría.

Evidencia objetiva. Conjunto de datos (información oral o escrita) verificables que respaldan la existencia o veracidad de algo. La evidencia objetiva puede obtenerse por medio de la observación, medición, ensayo o por otros medios.

Facilitación está recomendada para conflictos de gravedad baja o media. Una persona neutral ayuda a que las otras dialoguen y resuelvan sus diferencias de forma diplomática e intentando satisfacer sus distintas demandas. Dicha persona no impone la solución, sino que ésta es el resultado del consenso de todos.

Auditoría de sistemas de gestión

Hallazgos de la auditoría son los resultados de la evaluación de la evidencia de la auditoría recopilada frente a los criterios de la auditoría.

Información documentada. Información que una organización tiene que controlar y mantener, y el medio que la contiene.

Inspección. Conjunto de actividades tales como la medición, el examen, el ensayo o la estimación de una o más características de un producto, y la comparación de los resultados con los requisitos especificados, para establecer si se logra la conformidad de cada característica

Líder del equipo auditor. Persona que por su experiencia o conocimiento, lidera una auditoría. Tiene autonomía para preparar la ejecución de la auditoría, conciliar con los auditados, liderar las reuniones de apertura y cierre de auditorías, actuar en el esclarecimiento de eventuales dudas que surjan durante la ejecución de la auditoría y en la solución de posibles problemas.

Mediación es más formal que la facilitación y se utiliza en los conflictos que han llegado a un punto muerto. La persona mediadora suele ser ajena al asunto y su función es crear el clima propicio para que las dos partes se entiendan. Algunas veces son los protagonistas los que solicitan la presencia del mediador, pues su relación no da ni siquiera para sentar las bases de un diálogo.

No conformidad. Incumplimiento de un requisito.

Observación. Hallazgo con tendencia al incumplimiento de un requisito. Cumplimiento parcial de un requisito.

Observador. Persona que acompaña al equipo auditor pero que no actúa como auditor.

Plan de auditoría. Descripción de las actividades de una auditoría así como de los responsables de llevarlas a cabo y los tiempos de ejecución.

Plan de muestreo. Establecimiento del tamaño de muestra y el criterio de evaluación (aceptación o rechazo.

Procedimiento es la forma especificada para llevar a cabo una actividad o un proceso.

Procedimiento de auditoría es la forma específica de llevar a cabo una auditoría.

Proceso. Conjunto de actividades mutuamente relacionadas que utilizan las entradas para proporcionar un resultado previsto.

Programa de auditoría. Planificación de las auditorías de una organización con un propósito específico y durante un tiempo determinado.

Registro. Documento que presenta los resultados obtenidos o proporciona evidencia de actividades desempeñadas.

Requisito. Necesidad o expectativa establecida, generalmente implícita u obligatoria.

Riesgo. Efecto (desviación frente a lo esperado) de la incertidumbre (desconocimiento de un evento, su consecuencia y probabilidad de ocurrencia).

Sistema de gestión. Conjunto de elementos de una organización interrelacionados o que interactúan para establecer políticas, objetivos y procesos para lograr estos objetivos.

Auditoría de sistemas de gestión

Tiempo de auditoría. Tiempo necesario para planificar y llevar a cabo una auditoría completa y eficaz del sistema de gestión de la organización cliente.

www.ingramcontent.com/pod-product-compliance
Lightning Source LLC
Chambersburg PA
CBHW071359210526
45465CB00001B/165